簡單
料理
自
案

便當菜、常備菜、家常菜，
省時節約簡單！146 種料理，
全都是「1＋1」種
食材就搞定！

Mizuki 著　黃文玲————譯

材料2つde超簡単! Mizukiのやみつきおかず

前言

————

無論你是從來沒聽過我的新朋友、

或是經常到我的部落格拜訪的老朋友，

非常感謝你拿起這本書。

我在設計食譜時，腦子裡總是想著「要怎樣料理，步驟才能更簡單？」、

「短時間內做得出來嗎？」、「能減少伙食費的支出嗎？」

等等的問題。

花時間慢慢做出來的料理固然很美味，

但總有忙碌或懶得煮飯的時候，

這時，短時間內就能輕鬆完成的食譜，就能派上用場。

這本書所介紹的每道料理，都只用了 2 種食材，

無須做太多準備，而且耗時短、步驟又簡單，

更棒的是料理份量十足。

省去所有不必要的步驟，又不影響食物的美味，

簡直是無可挑剔。

就帶著輕鬆、愉快的心情，跟我一起享受烹調的樂趣吧！

希望透過此書，與所有讀者共享烹調的樂趣與品嚐美食的喜悅。

Mizuki

私房拿手菜的概念

步驟簡單

要享受烹調樂趣，最重要的是「零失敗」，同時「感到輕鬆」，讓做菜不再是件苦差事。書中的食譜會讓廚藝不精、頭一次下廚或者是感到疲累的你，有一種「想要試試這道菜」的衝動。

不花時間

花時間慢慢做出來的料理固然很美味。但事實上，不太可能每天都花很多時間下廚。因此，我所設計的食譜是以不影響料理的美味為前提，盡可能地縮短烹調時間，減少烹調步驟，讓這份食譜更加誘人。

省錢

我堅持的是無須過度節省的省錢食譜。選用的食材不但價格便宜，而且美味又營養，同時也重視料理的視覺效果，烹調出色香味俱全的佳餚。每道菜只用 2 種食材，大大降低伙食費的支出！

很下飯

這本食譜最主要的概念就是超級下飯的「家常菜」。口味種類不外乎是甜辣口味、濃稠醬汁口味、適合下飯的鹹味等。雖然食材不是什麼山珍海味，卻讓人一吃上癮。

就算廚藝不佳，
也絕不會失敗的食譜！

① 需要事前準備的食材只有 2 種

一旦食材增加，削皮、切菜等事前的準備作業也會變多，不但耗時、費事又花錢。本書介紹的都是簡單、省時又省錢的料理，只要 2 種食材就搞定，花點小心思，就能讓料理看起來色香味俱全。

② 完全省略費事的步驟，不用「熬高湯」或「將大蒜磨成泥」等

婆婆媽媽每天所煮的家常菜，能輕鬆上桌是最棒的。想煮日式料理，有和風高湯粉、西式料理有法式清湯粉、中式料理有雞骨高湯粉等可以選擇。提味用的大蒜和薑，可使用市面上販售的軟管包裝蒜泥條或薑泥條。胡椒鹽，也可選購市售的調味胡椒鹽；另外，善用燒肉醬和柑橘醋等醬料，節省調味的時間。

③ 把烹調中的調味料事先調配好

書中的菜色大多是一個平底鍋就能搞定，只要事先將適當用量的調味料備好，就能快速製作。如果像電視烹飪節目那樣，將所需要的調味料分別裝在不同的小碗裡，不但洗碗量大增，而且一邊煮菜一邊調配調味料的份量，往往很容易失敗。美乃滋等不容易融化的調味料，也最好事先和其他調味料一起準備。

④ 炒菜時，等油和食材下鍋後再開火

鐵氟龍材質的平底鍋如果高溫空燒的話，鐵氟龍會掉落。炒菜時，最好先等少量的油、蒜泥、薑泥、以及切好的食材下鍋後再開火。如此一來，不但食材不容易黏鍋、燒焦，肉類食物或魚肉也會因為緩緩加熱，肉質更柔軟。

做菜必需的道具

平底鍋和湯鍋

本書所使用的鍋具以直徑 22cm 的平底鍋和直徑 16cm 的湯鍋為主。此外，還有微波爐和烤箱。我個人最愛用的是有鐵氟龍塗層、而且手把可以拆卸、方便堆疊收納的法國特福鍋組。

IH 調理爐和瓦斯皆可使用，手把可以拆下方便收納。

烹調用具

基本上，只要有圖片中這幾件廚房用具，就能煮出一桌料理。砧板要選擇有抗菌功能的，菜刀最好選用 24cm 的三德刀，料理筷是竹製的長筷，而鍋鏟我最愛用的是一把有著可愛笑臉圖樣的 BISTRO CHEF 木製鍋鏟。烹飪碗我則是推薦兼具材質輕、透明、不易破、耐熱等四大特色的聚碳酸酯（PC）材質烹飪碗。

測量用具

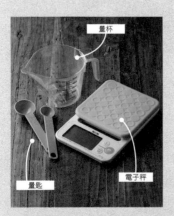

料理零失敗的秘訣，在於要精準的測量食材和調味料。量杯上的刻度最好是 500ml 以上，選用不易破裂且能用於微波爐的材質製品較為方便。量杯上的刻度，最好是橫向和縱向都有標示。量匙最好選擇深一點的，測量液體醬料時較不易灑出。為了增加做菜的樂趣，我喜歡使用色彩鮮豔的用具。

超省時の好幫手 有助於減少烹調時間的用具

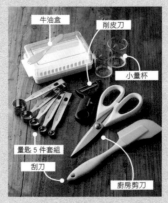

削皮刀不但能削去蔬果的果皮，還可以把紅蘿蔔等的蔬菜削成長薄片。如果只要一點裝飾用的蔥花，用廚房剪刀會比較方便。要將麵糰順利的從碗裡取出，矽膠材質的刮刀是最好的工具。小量杯每一杯是 5ml，用於液態的調味料，有時也會以小匙和大匙標示。量匙 5 件套組：大小分別是 1 大匙、1 小匙、1/2 小匙、1/4 小匙（一小撮）、1/8 小匙（少許），可以精準的測量所需的量，5 根量匙可相疊，方便收納。

讓料理華麗變身的
擺盤秘訣

秘訣
1
利用葉菜類的綠色
或是番茄的紅色,為料理增豔

料理的擺盤,色彩是最重要的。一般而言只要加入紅色、黃色或是綠色,菜餚立刻加分不少。圖片中的料理因為有彩椒,整道菜看起來相當漂亮。而白色盤子上多鋪一層綠色蔬菜,只是多加了綠色,頓時色彩繽紛,食物的份量看起來增加不少。上下兩個擺盤相比較,兩者的差異可說是一目了然。

平日料理時不太會使用到的荷蘭芹、紫蘇葉、珠蔥、香草等的綠葉蔬菜,或是有著多種顏色的迷你番茄,這些都可以在擺盤時派上用場,有了它們,料理立刻增豔不少。乾燥香草等也是不錯的選擇。

BBQ
風味悶雞
（P.17）

Before

After

鮮豔的綠色,
讓整道菜華麗變身

秘訣

2

利用紙杯、餐盒和蠟紙擺盤

百元商品店裡就能買到的紙杯和餐盒，不僅品質超優，而且有許多美麗的圖案可選擇，非常適合用來擺盤。將家常菜放進紙盒裡，在家也能享受如同在咖啡館用餐的時尚氣氛。

另外，以紙杯、餐盒裝食物不只美觀，也很方便帶著走或是餐後的處理，家中有宴會或是與他人一起共享料理時，這些小道具就可派上用場。

Before		After

起司
香雞塊

（P.20）

因為用各種顏色和圖案的紙杯裝盛，令食物美味升級

酥炸旗魚條
佐洋蔥美乃滋

（P.53）

羊栖菜風味
炸春捲

（P.41）

顏色比較少的料理，
比起白色器皿，更適合深色的器皿

白色的器皿雖然百搭，但有時會顯得太過單調，擺盤也容易流於千篇一律。這時，不妨大膽使用深色的器皿吧！當盤子和料理的顏色形成對比時，會非常搶眼，即使少了綠葉蔬菜或是迷你番茄等的襯托，但因為盤子的顏色發揮了鑲邊的效果，而讓整道菜看起來更為出色。下方圖片的兩盤食物是相同的料理，一眼就能看出兩者間的差異。

尤其是深藍色、深褐色、深綠色、帶有光澤的黑色器皿，都很好搭配。拍照時絕對有加分的效果。我如果要把料理照片上傳到部落格時，經常會使用深色的器皿。

Before

脆炒馬鈴薯
鮮鮭
（P.50）

After

盤子帶來鑲邊的效果，看起來更美味

麻香豬五花
（P.27）

辣炒泡菜豬
（P.30）

韓式烤牛肉
（P.44）

高麗菜清炒油豆腐
（P.57）

搭配各種器皿和桌巾，
就能加倍提升料理的美感

焗烤培根馬鈴薯

（P.70）

山藥豬肉炒

（P.29）

BBQ 風味馬鈴薯

（P.42）

黃金豆腐起司煎餅

（P.56）

清爽海帶芽粉絲湯

（P.72）

奶油燉香腸鮮薯

（P.68）

料理追求色、香、味俱全，視覺效果對料理非常重要，可說是左右一道料理成敗的關鍵。而影響料理視覺效果最大的就是器皿和桌布。形狀特殊或帶有花紋的餐具，以及讓人心情平靜色調的器皿和桌布，其實都是擺盤的好幫手。

我最常使用的是有把手或是造型特殊、盤子邊緣有圖案的餐盤以及四角形、橢圓形的器皿，小圓盅或是缽形器皿實用性也很高。家常菜放在上述這些器皿裡，視覺效果完全不同於圓盤。煎鍋或是帶有咖啡館風味的器皿，讓你在家也能享受如同在咖啡館的用餐氣氛。

如果看到喜歡的桌巾或是餐桌墊，不妨少量購買，肯定能為你的餐桌增色不少。

●關於如何選擇提升料理美感的器皿，請參照本食譜 P.94。

contents

＼ 只要 2 樣食材 ／
114 道日日美味家常菜

雞肉

豬肉

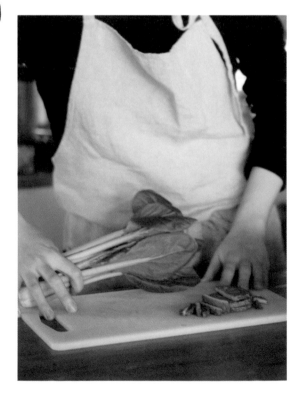

本書的使用方法

「每日家常菜」這一章是依照肉、魚等的蛋白質來分類，而「蓋飯和麵＆下酒菜」的單元，則是以料理種類來分類。

料理

可以事先做好或適合當作便當菜的料理，會特別標上記號。事先做好的家常菜冷藏保存以三天為限。

此處的標示為使用的烹調道具和烹調時間。

需要準備的食材會以插圖表示。

醬炒洋芋豬

材料（2人份）
豬肉片 160g
馬鈴薯 ... 2 小個（200g）
太白粉 .... 2 小匙
沙拉油 .... 2 小匙

● 事先準備的調味料
砂糖 .... 1 大匙
酒 .... 1 又 1/2 大匙
味醂 .... 1 又 1/2 大匙
醬油 .... 1 又 1/2 大匙

作法
❶ 馬鈴薯切成2cm大小，放入耐熱的大碗中蓋上保鮮膜，以600W的微波爐加熱2分30秒。豬肉片沾上薄太白粉。
❷ 平底鍋裡放入沙拉油和豬肉片以中火加熱翻炒，待豬肉變色後加入馬鈴薯快炒，最後再倒入 ● 事先準備的調味料調味即可。

豬肉片裹上太白粉是為了吸取豬肉的油脂和甜味，而且會讓豬肉的口感更滑嫩。

為了讓馬鈴薯更快熟以些許緩加熱當更爽口。

MEMO
不易熟的馬鈴薯事先以微波爐加熱，可以縮短烹調時間，而且不用擔心翻炒的過程中會燒焦，也不會失敗！

介紹此道料理的特色以及擺盤的重點。

料理訣竅以插圖的方式說明有助於理解。

32 道

一碗就滿足的

蓋飯和麵

&

不用開火就能做出的

下酒菜和湯品

在做菜之前

蒜泥和薑泥的用量

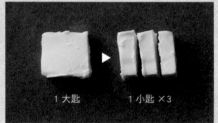

蒜泥（軟管）

薑泥（軟管）

實物大小。

本食譜中，蒜泥和薑泥的用量是以「cm」標示，其實不用特地拿尺量，基本上大拇指第一個關節的長度，大約就是 3cm，每個人可自行設定簡單的測量方式。

奶油的用量

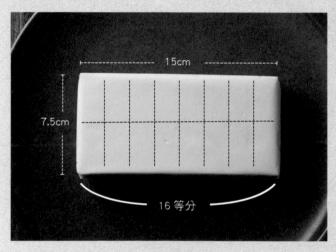

15cm

7.5cm

16 等分

1 大匙

1 小匙 ×3

本食譜中，奶油的用量以大匙 & 小匙標示。奶油 1 大匙是 12.5g，200g 重的奶油如左圖所示，橫向平均切 8 等分，縱向再切 2 等分，每一小塊的重量就是 12.5g（200÷16=12.5），再將 1 大匙分成 3 等分，就是 1 小匙的份量。將奶油事先切好放入容器裡保存，使用會比較方便。

● **份量標示**
本食譜中，1 小匙是「5ml」，1 大匙是「15ml」。

● **火侯**
如果書上沒有特別標示，通常是指瓦斯爐的中火。

● **微波爐**
書中使用的是 600W 的微波爐，若功率為 500W 就以書上標示的時間乘 1.2 倍，如果是 700W 則乘以 0.9 倍來加熱食材。

● **烤箱**
書中使用的是 1000W 的烤箱，若家中的烤箱瓦數與本書不同，請自行調整加熱時間。

● **蔬菜**
基本上若是需要削皮的蔬菜，食譜中會省略削皮的步驟。

● **油炸物**
為了免於處理油炸過的油，本食譜通常是在平底鍋裡加入少量的油，以煎取代油炸。（炸雞塊和炸蔬菜除外）

\ 只要 2 樣食材 /

114 道
日日美味家常菜

雞肉
CHICKEN

方便買到又健康的雞肉，可食用的部位相當多，是每天吃也沒問題的肉類！
書中食譜所介紹的私房拿手菜中，還包括了榮登某料理網站名人堂的菜色。

名人堂食譜

加了蔬菜，一吃就上癮的**7**種雞肉料理

一吃就上癮的雞肉

雞肉切成塊狀後加入調味料搓揉，讓雞肉入味。無需以醬料醃漬，也無需用油，直接放入鍋內煎熟即可！搓揉次數大約是 50 次。比起單純只有雞肉的味道，多加了蔬菜後整道菜會變得更豐富，這是道超級簡單的料理，而且味道完全不輸給燒肉店。

1
將雞肉和調味料放入塑膠袋裡以兩手搓揉。

2
直接將雞肉和調味料放入平底鍋，鍋內無須放油。

3
雞肉翻面之後加入蔬菜，蓋上鍋蓋蒸熟。

4
打開鍋蓋，翻炒鍋中食物。

＊除了雞腿、雞胸肉之外，雞柳或是雞翅也可以同樣方式料理。

雞腿肉　＋　馬鈴薯

🥄 道具	微波爐 平底鍋
🕐 時間	15 分鐘

便當菜

1 和風醬燒雞肉

材料（2 人份）
雞腿肉 …… 1 塊（250g）
馬鈴薯 ‥ 小 2 個（200g）

― ― ― ― ― ― ― ― ―
● 事先準備的調味料
蒜泥 ………………………… 3cm
薑泥 ………………………… 3cm
和風高湯粉 ………… 1/3 小匙
蠔油 ………………………… 1 小匙
酒 …………………………… 1 大匙
味醂 ………………………… 1 大匙
醬油 ………………………… 2 小匙
麻油 ………… 1 又 1/2 小匙

作法
1 雞塊切成 2cm 大小，連同●放入塑膠袋裡，搓揉 50 次以上。
2 馬鈴薯切成 2cm 大小，放入耐熱的大碗裡蓋上保鮮膜，以 600W 的微波爐加熱 2 分 30 秒。
3 將雞肉和調味料一起放入平底鍋裡以中火加熱。待雞肉變成金黃色後翻面，加入馬鈴薯、蓋上鍋蓋，轉以中弱火悶燒 3 分鐘。打開鍋蓋翻炒食物，直到收汁為止。

為了讓馬鈴薯較快煮熟，先以微波爐加熱後再放入鍋裡。

MEMO
將食物盛裝在有花紋的器皿裡，並且以綠色葉菜裝飾，大大提升食物的視覺效果。為避免菜色過於單調，利用生菜和迷你番茄，增添這道料理的色彩。

雞腿肉　＋　彩椒

道具	平底鍋
時間	10 分鐘

便當菜

2 BBQ 風味悶雞

材料（2 人份）
雞腿肉 …… 1 塊（250g）
彩椒（紅色、黃色）
…………………… 各 1/2 個

● 事先準備的調味料
番茄醬 ………………… 3 大匙
醬油 …………………… 2 小匙
美乃滋 ………………… 1 小匙
味醂 …………………… 1 小匙
胡椒鹽 ………………… 少許

作法
１ 雞肉切成 2cm 大小，連同●放入塑膠袋裡，搓揉 50 次以上。彩椒切成 2cm 大小。
２ 將雞肉和調味料一起放入平底鍋裡以中火加熱。待雞肉變成金黃色之後翻面並加入彩椒、蓋上鍋蓋，轉以中弱火悶燒 3 分鐘。
３ 打開鍋蓋翻炒食物，直到彩椒變軟為止。

MEMO
使用雙色的彩椒增添料理的顏色！也可用青椒替代。食物下方襯著綠色蔬菜看起來更美味。

 ＋

雞腿肉　　　　高麗菜

道具	平底鍋
時間	10 分鐘

便當菜

3 檸香辣雞

材料（2 人份）
雞腿肉 …… 1 塊（250g）
高麗菜 …… 1/5 個（200g）

● 事先準備的調味料
蒜泥 …………………… 3cm
雞骨高湯粉 ………… 1/2 小匙
黑胡椒 ……………… 1/2 小匙
檸檬汁 ………………… 1 大匙
酒 ……………………… 1 大匙
鹽巴 ………………… 1/3 小匙

作法
１ 雞肉切成 2cm 大小，連同●放入塑膠袋裡，搓揉 50 次以上。高麗菜切成 4cm 大小。
２ 將雞肉和調味料一起放入平底鍋裡以中火加熱，待雞肉變成金黃色之後翻面並加入高麗菜蓋上鍋蓋，轉以中弱火悶燒 4 分鐘。
３ 打開鍋蓋翻炒食物，直到高麗菜變軟為止。

高麗菜芯較硬，可以切小塊一點。

MEMO
檸檬汁的使用量並不多，不需要用到一整顆檸檬，冰箱最好備有市售的檸檬汁。另外，如果是春天的高麗菜，烹調時間請縮短 1 分鐘。

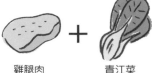

雞腿肉　＋　青江菜

道具	平底鍋
時間	10 分鐘

便當菜

4 上海風味雞

材料（2 人份）
雞腿肉 ⋯⋯⋯ 1 塊（250g）
青江菜 ⋯⋯⋯⋯⋯⋯⋯ 2 株

● 事先準備的調味料
蒜泥 ⋯⋯⋯⋯⋯⋯⋯⋯⋯ 5cm
太白粉 ⋯⋯⋯⋯⋯⋯⋯ 2 小匙
醬油 ⋯⋯⋯⋯⋯⋯⋯⋯ 2 小匙
酒 ⋯⋯⋯⋯⋯⋯⋯⋯⋯ 2 小匙
味醂 ⋯⋯⋯⋯⋯⋯⋯⋯ 2 小匙
蠔油 ⋯⋯⋯⋯⋯⋯⋯⋯ 2 小匙
麻油 ⋯⋯⋯⋯⋯⋯⋯⋯ 2 小匙
胡椒鹽 ⋯⋯⋯⋯⋯⋯⋯⋯ 少許

作法
1 雞肉切成 2cm 大小，連同●放入塑膠袋裡，搓揉 50 次以上。將青江菜切成 3 等分，芯的部分則是再縱向切成 3 等分。
2 將雞肉和調味料一起放入平底鍋裡以中火加熱，待雞肉變成金黃色之後翻面並加入青江菜蓋上鍋蓋，轉以中弱火悶燒 4 分鐘。
3 打開鍋蓋翻炒食物，直到青江菜變軟為止。

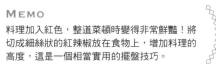

MEMO
料理加入紅色，整道菜頓時變得非常鮮豔！將切成細絲狀的紅辣椒放在食物上，增加料理的高度，這是一個相當實用的擺盤技巧。

雞腿肉　＋　青蔥

道具	平底鍋
時間	10 分鐘

便當菜

5 鹽燒嫩雞腿

材料（2 人份）
雞腿肉 ⋯⋯⋯ 1 塊（250g）
青蔥 ⋯⋯⋯⋯⋯⋯⋯⋯⋯ 1 根

● 事先準備的調味料
蒜泥 ⋯⋯⋯⋯⋯⋯⋯⋯⋯ 3cm
雞骨高湯粉 ⋯ 2 又 1/2 小匙
酒 ⋯⋯⋯⋯⋯⋯⋯⋯⋯ 1 大匙
麻油 ⋯⋯⋯⋯⋯⋯⋯⋯ 1 大匙
胡椒鹽 ⋯⋯⋯⋯⋯⋯⋯⋯ 少許

作法
1 雞肉切成 2cm 大小，連同●放入塑膠袋裡，搓揉 50 次以上。青蔥切段約 3cm 長。
2 將雞肉和調味料一起放入平底鍋裡以中火加熱，待雞肉變成金黃色之後把雞肉往鍋邊靠，空出地方放入青蔥再蓋上鍋蓋，轉以中弱火悶燒 3 分鐘。
3 打開鍋蓋翻炒食物，直到青蔥變軟為止。

MEMO
胡椒鹽的味道要重一點比較好吃，這道料理又鹹又香，很下飯，同時也是很棒的下酒菜。

+

雞腿肉　　　　　杏鮑菇

道具	平底鍋
時間	10 分鐘

便當菜

6 橘醋杏鮑菇悶雞

材料（2 人份）
雞腿肉 …………… 1 塊（250g）
杏鮑菇 …………………………… 3 根

● 事先準備的調味料
蒜泥 …………………………………… 4cm
雞骨高湯粉 …………… 1/2 小匙
美乃滋 ……………………… 1 大匙
柑橘醋 ……………… 1 又 1/2 大匙
酒 ……………………………… 2 小匙
麻油 ……………………………… 1 小匙
胡椒鹽 ……………………………… 少許

美乃滋無法完全融化也沒
關係，加熱後就會融化。

作法
1 雞肉切成 2cm 大小，連同●放入
塑膠袋裡，搓揉 50 次以上。杏鮑菇
如下圖先切成兩段，再切成 5mm 厚
的片狀。
2 將雞肉和調味料一起放入平底鍋
裡以中火加熱，待雞肉變成金黃色之
後翻面並加入杏鮑菇蓋上鍋蓋，轉以
中弱火悶燒 3 分鐘。
3 打開鍋蓋翻炒食物，直到湯汁收
乾為止。

MEMO
這道菜加入了很有嚼勁的杏鮑菇，不但下飯也
很適合當下酒菜。將食物盛裝在有把手的容器
裡，為美味加分。

雞胸肉　　　　　地瓜

道具	微波爐 平底鍋
時間	15 分鐘

便當菜

7 辣炒豆瓣鮮雞

材料（2 人份）
雞胸肉 ……… 1 塊（250g）
地瓜 ………… 1 條（200g）

● 事先準備的調味料
蒜泥 …………………………… 4cm
醬油 ……………………… 1 大匙
砂糖 ……………………… 1 大匙
味噌 ……………………… 1 大匙
味醂 ……………………… 1 大匙
豆瓣醬 …………………… 1/2 小匙
麻油 ……………………… 2 小匙
胡椒鹽 …………………… 少許

豆瓣醬以油炒過會更香、更辣，
比起生辣椒味道更濃郁，只要
加一點點，風味會完全不同。

作法
1 以叉子戳刺整塊雞肉後斜切成薄
片，連同●放入塑膠袋內搓揉 50 次
以上。
2 將地瓜如下圖斜切成 1cm 厚的塊
狀後再對切成兩塊，放入耐熱的容器
內蓋上保鮮膜以 600W 的微波爐加熱
2 分 30 秒。
3 將雞肉和調味料一起放入平底鍋
裡以中火加熱，待雞肉變成金黃色之
後翻面並加入地瓜蓋上鍋蓋，轉以中
弱火悶燒 3 分鐘。打開鍋蓋翻炒食
物，直到湯汁收乾為止。

MEMO
豆瓣醬的用途相當多，是非常方便的調味料，
廚房裡絕對少不了這一味。軟管包裝的豆瓣醬
也 ok。

 +

雞胸肉　　　豆腐

🥄 道具	平底鍋
🕐 時間	15 分鐘

常備菜
便當菜

起司香雞塊

材料（2 人份）
雞胸肉 …… 1 塊（250g）
嫩豆腐 …… 1/4 塊（75g）
沙拉油 …………………… 適量

● 事先準備的調味料
法式清湯粉 …… 1/2 小匙
低筋麵粉 …………… 3 大匙
起司粉 ……………… 1 大匙
太白粉 ……………… 1 大匙
美乃滋 ……………… 1 大匙
胡椒鹽 ………………… 少許

作法
❶ 雞肉去皮，切成細塊狀後，再以菜刀拍成絞肉狀。
❷ 將雞肉和豆腐放進大碗裡，再放入●加以攪拌，捏成 3cm 大小的橢圓形。
❸ 平底鍋裡倒入 5mm 深的沙拉油後開中火，將作法❷的食材放入鍋內，等到兩面都成金黃色即可上桌。

要把雞肉捏成橢圓形時，雙手最好沾點水比較不黏手。另外，為了讓雞塊吃起來更軟嫩，豆腐不需去水，直接和雞肉、調味料一起攪拌，直到食材有黏性為止。

〔 **MEMO**
在百元商店裡買來的紙杯，鋪上蠟紙，放入雞塊，就能讓造型變得可愛。還可以加上荷蘭芹、番茄醬和黃芥末醬點綴。 〕

雞胸肉　　　白蘿蔔

🥄 道具	平底鍋
🕐 時間	10 分鐘

常備菜

和風雪見燉雞

材料（2 人份）
雞胸肉 …… 1 塊（250g）
白蘿蔔 …… 8cm（200g）
太白粉 …………………… 適量
麻油 ………………… 1 大匙

● 事先準備的調味料
薑泥 …………………… 3cm
麵之友（2 倍濃縮）
……………… 2 又 1/2 大匙
味醂 ………………… 1 小匙
醬油 ………………… 1 小匙
水 ……………………… 100ml

作法
❶ 將白蘿蔔連皮磨成泥，稍微去除水分。
❷ 雞胸肉去皮，斜切成 1cm 厚的片狀後沾上一層太白粉。
❸ 將雞肉和麻油放入平底鍋裡以中火加熱，待雞肉變成金黃色後翻面並加入作法❶的食材和●，轉以中弱火煮 3 分鐘。

白蘿蔔泥如果水分過多味道會變淡，因此要稍微除去水分。

〔 **MEMO**
上桌前灑點蔥花，令整道菜增豔不少。直接拿廚房剪刀剪青蔥，相當方便。 〕

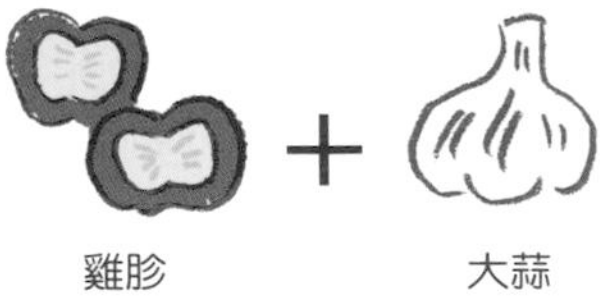

道具	平底鍋
時間	15 分鐘

香蒜辣味雞胗

材料（2 人份）
雞胗（去筋）……… 160g
大蒜 ……… 1 個
紅辣椒（切碎）….. 1/2 根
橄欖油 ……… 1 大匙
胡椒鹽 ……… 適量

作法

1 雞胗如下圖對半切開，再縱向切成 3 等分，灑上胡椒鹽。大蒜去外皮，每瓣切成兩塊。

2 將紅辣椒、橄欖油和雞胗放入平底鍋裡以中火拌炒，待雞胗變色後加入大蒜再炒 3 分鐘，蓋上鍋蓋後以小火悶燒 3 分鐘。

3 打開鍋蓋稍微拌炒，加入胡椒鹽調味即可。

MEMO
胡椒鹽灑多一點味道更好！這是道很棒的下酒菜。盛裝在有把手的器皿中，看起來格外美味。

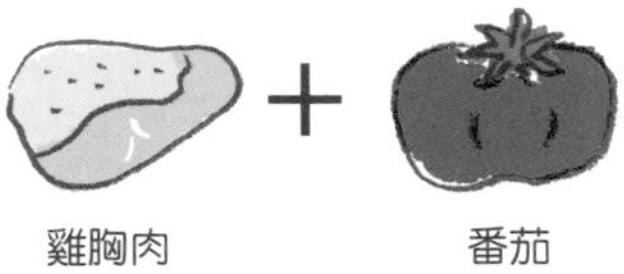

道具	微波爐
時間	15 分鐘

常備菜

辣味蒸雞

材料（2 人份）
雞胸肉 ……. 1 塊（250g）
番茄（切成 1cm 的丁狀）
……… 1 個

醃料
酒 ……… 2 大匙
太白粉 ……… 1 小匙
水 ……… 1 大匙

● 事先準備的調味料
美乃滋 ……. 2 又 1/2 大匙
白芝麻 ……. 2 又 1/2 大匙
柑橘醋 ……… 1 大匙
砂糖 ……… 1/2 小匙
醬油 ……… 1 小匙
牛奶 ……… 1 小匙
辣油 ……… 8 滴

作法

1 雞肉去皮後，以叉子戳刺，放進耐熱的大碗中，倒入醃料搓揉入味。

2 大碗蓋上保鮮膜，以 600W 的微波爐加熱 5 分鐘後靜置 4 分鐘，利用餘溫繼續加熱。撕下保鮮膜讓雞肉冷卻。將●攪拌在一起當作淋醬。

3 雞肉切成個人喜歡的厚度放在盤子上，淋上芝麻醬，再放上切好的番茄丁。

雞肉放涼後切起來才漂亮。

MEMO
芝麻醬裡的辣油份量，請依照個人口味自行調整。或者先取出小朋友吃的份量，再淋上醬汁。夏天時也可以冰鎮後再吃。

雞腿肉　＋　鴻喜菇

	道具	平底鍋
	時間	15 分鐘

常備菜

茄汁奶油煮雞

材料（2 人份）

雞腿肉 ……… 1 塊（250g）
鴻喜菇 …………………… 1 袋
低筋麵粉 ………… 1 大匙
奶油 ………………… 1 大匙
牛奶 ………………… 2 大匙

● 事先準備的調味料
番茄罐頭 · 1/2 罐（200g）
法式清湯粉 · 1 又 1/2 小匙
味醂 ………………… 1 大匙
胡椒鹽 ……………… 少許
水 …………………… 3 大匙

作法

1 雞肉切成 3cm 沾上一層低筋麵粉，將鴻喜菇分成小株。

2 將奶油和雞肉放入平底鍋裡以中火加熱，待兩面呈金黃色後，加入鴻喜菇稍微拌炒。

3 加入●蓋上鍋蓋，轉以中弱火悶煮 4 分鐘，加入奶油後熄火。

MEMO
看似需要花很多時間的燉煮料理，只花了 15 分鐘就大功告成！家中如果有帶有把手的燉鍋，很適合用於西式的燉菜料理或是煮湯。

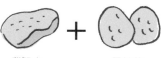

雞腿肉　＋　馬鈴薯

	道具	平底鍋
	時間	30 分鐘

常備菜

奶油馬鈴薯燉雞

材料（2 人份）

雞腿肉 ……… 1 塊（250g）
馬鈴薯 …… 2 個（300g）
奶油 ………………… 2 小匙

● 事先準備的調味料
法式清湯粉 …… 1/2 小匙
酒 …………………… 1 大匙
鹽巴 ……………… 1/3 小匙
水 ………………… 300ml

作法

1 雞肉和馬鈴薯分別切成 3cm 大小。

2 將●放入平底鍋裡加熱，煮滾之後加入作法1的食材，轉為中弱火煮 20 分鐘。

3 待馬鈴薯變軟之後熄火，上桌前加上奶油，利用餘溫使奶油溶化。

悶煮的過程中，將食材上下翻炒一次，讓食物更入味。

MEMO
如果使用「男爵」這個馬鈴薯品種，不但快熟，而且吃起來相當鬆軟。可隨各人喜好灑上些許黑胡椒或是荷蘭芹末。

雞翅 ＋ 白蘿蔔

道具	微波爐 平底鍋
時間	25 分鐘

常備菜

蘿蔔燉雞

材料（2 人份）
雞翅 ………… 6 根（250g）
白蘿蔔 ……… 12cm（300g）
沙拉油 ………………… 2 小匙

● 事先準備的調味料
薑泥 ………………………… 3cm
酒 ……………………… 2 大匙
醬油 ……………………… 1 大匙
味醂 ……………………… 1 大匙
味噌 ……………………… 1 大匙
砂糖 ……………… 1 又 1/2 小匙
水 …………………… 130ml

作法
1 雞翅如下圖沿著骨頭畫兩刀。
2 白蘿蔔切成 2cm 厚的半月形，放入耐熱的大碗裡蓋上保鮮膜，以 600W 的微波爐加熱 3 分鐘。
3 將沙拉油和雞肉（雞皮朝下）放入平底鍋裡以中火加熱。待兩面呈金黃色後，加入白蘿蔔和●，再蓋上鍋蓋，轉以中弱火煮 15 分鐘。時間到後熄火靜置 5 分鐘，讓食物更入味。

悶煮過程中，將食材上下翻炒一次讓食物更入味。

MEMO
不容易熟的白蘿蔔事先以微波爐加熱，有助於縮短烹調時間。上桌前灑些蔥花看起來更美味。

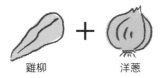

雞柳 ＋ 洋蔥

道具	平底鍋
時間	10 分鐘

常備菜
便當菜

洋蔥雞柳

材料（2 人份）
雞柳 ……… 4 條（200g）
洋蔥 ……………………… 1/2 個
沙拉油 ………………… 1 大匙
醃料
美乃滋 ………………… 2 小匙
低筋麵粉 ……………… 2 小匙

● 事先準備的調味料
薑泥 ………………………… 3cm
醬油 ………… 1 又 1/2 大匙
酒 ……………………… 2 小匙
味醂 ……………………… 2 小匙
砂糖 ……………………… 1 小匙

作法
1 如下圖所示，從雞柳的中間切開取出筋，以醃料醃漬。洋蔥切絲。
2 將沙拉油、雞柳和洋蔥放入平底鍋裡以中火加熱。翻炒洋蔥，待雞柳的兩面呈金黃色。
3 蓋上鍋蓋轉以中弱火悶燒 2 分鐘，最後倒入●拌勻。

MEMO
雞柳不要切塊，而是整條烹調，看起來更有份量。因為加了美乃滋和低筋麵粉，雞柳的口感會更滑嫩，就算涼了也很好吃！

 雞翅中段 ＋ 青蔥

道具	微波爐 平底鍋
時間	15 分鐘

蔥香雞翅

材料（2 人份）
雞翅中段 ………………… 12 根
青蔥 …………………… 20cm
胡椒鹽 ………………… 少許
太白粉與油 …………… 適量

● 事先準備的調味料
蒜泥 …………………… 2cm
雞骨高湯粉 ……… 1/2 小匙
檸檬汁 ………………… 2 小匙
鹽巴 ………………… 1/4 小匙
麻油 ………… 1 又 1/2 大匙

作法
1 調配青蔥醬汁。將青蔥切碎和●放入耐熱的大碗中拌勻，以 600W 的微波爐加熱 1 分鐘。
2 沿著雞骨劃一刀，灑上胡椒鹽後沾上一層太白粉。
3 將油倒入平底鍋裡加熱到 170 度後放入雞翅，待雞翅呈金黃色後撈出瀝油，盛裝在盤子裡，最後淋上青蔥醬汁。

MEMO
可用雞腿肉或雞胸肉取代雞翅。這個青蔥醬汁相當百搭，煎肉或煎魚時也可派上用場。

將醬料以微波爐加熱，是為了讓調味料的味道更均勻，並提高保存時間，放入冰箱可保存 3 天。

 雞柳 ＋ 高麗菜

道具	平底鍋
時間	10 分鐘

便當菜

鮮蔬雞柳條

材料（2 人份）
雞柳 ………… 3 條（150g）
高麗菜 …… 1/4 個（250g）
麻油 …………………… 2 小匙
醃料
美乃滋 ………………… 1 小匙
醬油 …………………… 1 小匙
太白粉 ………………… 2 小匙

● 事先準備的調味料
蒜泥 …………………… 4cm
酒 ……………………… 2 大匙
味噌 …………………… 2 小匙
砂糖 …………………… 2 小匙
蠔油 …………………… 2 小匙
豆瓣醬 ……………… 1/2 小匙

作法
1 如下圖所示取出雞柳中間的筋，斜切成 1cm 厚的片狀，再以醃料醃漬。高麗菜切成 4cm 大小。
2 將麻油和雞柳放入平底鍋裡以中火加熱，待雞柳的兩面呈金黃色後放入高麗菜蓋上鍋蓋，轉以中弱火悶燒 3 分鐘。
3 打開鍋蓋翻炒食物，待高麗菜稍微變軟後再加上●，繼續翻炒到湯汁收乾。

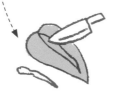

MEMO
雞柳切成薄片並且事先醃漬，吃起來更滑嫩。濃郁的醬汁讓平淡的雞柳變得美味！

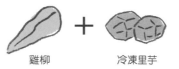

雞柳　　＋　　冷凍里芋

⟋ 道具	平底鍋
⏱ 時間	15 分鐘

奶油起司燉雞

材料（2 人份）
雞柳 ……… 3 條（150g）
冷凍里芋 ……………… 150g
胡椒鹽 ……………… 少許
低筋麵粉 ……………… 適量
奶油 ……………… 1 大匙
披薩用起司 ……………… 20g
牛奶 ……………… 100ml

● 事先準備的調味料
法式清湯粉 ……… 1/3 小匙
水 ……………… 100ml

作法
1 取出雞柳的筋，每條雞柳斜切成 3 等分，灑上胡椒鹽再沾低筋麵粉。
2 平底鍋裡放入奶油和作法1的雞柳以中火加熱，待兩面呈金黃色，加入冷凍里芋和●，轉為中弱火煮 3 分鐘。
3 加入起司和奶油後再煮 5 分鐘，直到里芋變軟為止。

MEMO
盛裝在較深的器皿中，隨個人喜好灑上粗粒黑胡椒，增加食物的香氣，看起來也更好吃。

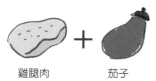

雞腿肉　　＋　　茄子

⟋ 道具	平底鍋
⏱ 時間	20 分鐘

常備菜

茄香炸雞

材料（2 人份）
雞腿肉 … 1 小塊（200g）
茄子 ……………… 2 個
太白粉與油 ……… 各適量
醃料
薑泥 ……………… 3cm
酒與醬油 ……… 各 2 小匙

● 事先準備的調味料
麵之友（2 倍濃縮） 3 大匙
熱水 ……………… 6 大匙

作法
1 將雞肉切成 3cm 大小以醃料醃漬，靜置10 分鐘後沾上一層太白粉。茄子切成兩半後，如下圖在茄子表面切成格子狀。再將茄子切成兩段浸泡在鹽水裡，3 分鐘後瀝乾。
2 將油倒入平底鍋裡加熱到 170 度後放入雞肉，待雞肉呈金黃色後撈起瀝油放入●。
3 將作法2的油加熱到 180 度以上後，放入茄子炸 3~4 分鐘後撈起瀝油，同樣放入作法2的調味料裡。

鹽水不必太濃，只要帶點鹹味即可。

MEMO
食物盛裝到盤子時，醬汁也要一起倒入，夏天可以冰鎮後享用！加點芽類的綠色蔬菜點綴，就可以提高食物的視覺效果。

豬肉
PORK

豬肉的料理方式非常多樣化，豬肉薄片更是短時料理的好拍檔。
份量十足的豬肉家常菜，在部落格裡非常受歡迎！

道具	平底鍋
時間	15 分鐘

便當菜

豬肉片 ＋ 雞蛋

豬肉丸南蠻燒

材料（2 人份）

豬肉片	250g
水煮蛋	1 個
美乃滋	2 大匙
胡椒鹽	適量
低筋麵粉	適量
沙拉油	2 小匙

● 事先準備的調味料

砂糖	1 大匙
醬油	1 大匙
醋	1 大匙

作法　　　生雞蛋放入煮滾的水中煮 8 分鐘。

1 將水煮蛋切碎，加入美乃滋和胡椒鹽稍微攪拌做成塔塔醬。

2 豬肉灑上少許的胡椒鹽，捏成 2cm 大小的球狀並沾上一層低筋麵粉。平底鍋裡放入油和豬肉丸子開中火加熱，讓丸子在鍋內滾動，待丸子表面呈金黃色後轉小火悶燒 4 分鐘。

3 去除鍋內多餘的油，倒入 ● 和食材一起拌炒。將食物盛裝在盤子裡淋上塔塔醬。

將豬肉片捏成肉丸子，吃起來會很有嚼勁卻又肉質柔軟。

一邊滾動肉丸一邊煎，否則肉丸很容易散開難以成形。

MEMO
塔塔醬裡多放一顆水煮蛋，份量立刻大增！利用沙拉菜和荷蘭芹末點綴，整道料理的色彩更鮮豔！

道具	微波爐 平底鍋
時間	10 分鐘

常備菜
便當菜

豬肉片 ＋ 馬鈴薯

醬炒洋芋豬

材料（2 人份）

豬肉片 ····················· 160g
馬鈴薯 ··· 2 小個（200g）
太白粉 ····················· 2 小匙
沙拉油 ····················· 2 小匙

● 事先準備的調味料

砂糖 ······················· 1 大匙
酒 ············· 1 又 1/2 大匙
味醂 ·········· 1 又 1/2 大匙
醬油 ·········· 1 又 1/2 大匙

作法

1 馬鈴薯切成 2cm 大小，放入耐熱的大碗中蓋上保鮮膜，以 600W 的微波爐加熱 2 分 30 秒。豬肉片沾上一層太白粉。

2 平底鍋裡放入沙拉油和豬肉以中火加熱翻炒，待豬肉變色後加入馬鈴薯快炒，最後再倒入●調味即可。

為了讓馬鈴薯更快熟，先以微波爐加熱後再烹調。

豬肉片裹上太白份是為了吸取豬肉的油脂和甜味，而且會讓豬肉的口感更滑嫩。

> **MEMO**
> 不易熟的馬鈴薯事先以微波爐加熱，可以縮短烹調時間。而且不用擔心翻炒的過程中會燒焦，避免失敗！

豬五花肉 ＋ 豆芽菜

道具	微波爐
時間	8 分鐘

麻香豬五花

材料（2 人份）

豬五花薄片 ··············· 150g
豆芽菜 ······· 1 袋（200g）
雞骨高湯粉 ··········· 1 小匙
酒 ············· 1 又 1/2 大匙

● 事先準備的調味料

白芝麻 ····················· 2 大匙
柑橘醋 ······· 2 又 1/2 大匙
麻油 ························· 1/2 小匙
辣油 ························· 適量

作法

1 豬肉切成 5cm 寬。

2 將一半的豆芽菜放入耐熱的大碗裡，再把一半的豬肉鋪在豆芽菜上，同樣的步驟反覆再進行一次，灑上雞骨高湯粉並淋上酒，最後蓋上保鮮膜。以 600W 的微波爐加熱 5 分 30 秒。

3 均勻地攪拌所有食材，稍微去除食物的湯汁盛裝在器皿裡，最後淋上●。

> **MEMO**
> 將豆芽菜和豬肉相疊以微波爐加熱，豬肉不會過乾，而且豆芽菜吸收豬肉的湯汁後更美味！灑上綠色的蔥花令人食指大動。

豬五花肉　＋　白蘿蔔

道具	平底鍋 電鍋
時間	50 分鐘

常備菜

蘿蔔燉豬

材料（2 人份）
豬五花肉塊 ………… 300g
白蘿蔔 ····· 14cm（350g）

● 事先準備的調味料
薑泥 ……………………… 3cm
砂糖 ……………………… 1 大匙
蠔油 ……………………… 1/2 小匙
酒 ……………………… 50ml
醬油 ……………………… 40ml
味醂 ……………………… 40ml
水 ……………………… 100ml

作法
① 將白蘿蔔切成 2.5cm 厚的半月形。豬肉切成 3cm 大小，放入平底鍋裡煎成金黃色。（鍋內不用放油）
② 煎豬肉產生的豬油以廚房紙巾擦拭，再倒水至鍋內直到豬肉的一半高度，煮滾之後再煮約 5 分鐘後撈起瀝乾。
③ 將豬肉和●以及白蘿蔔放進電鍋裡拌勻，按下電鍋的開關。

煎的時候將豬皮先朝下，避免美味的肉汁流失。

MEMO
這道菜不需要壓力鍋，作法超簡單！只要按下開關即可，卻是一道看起來「廚藝精湛」的家常菜。冷卻之後，蘿蔔會變為深褐色！

  ＋

豬肉片　　　高麗菜

道具	平底鍋
時間	8 分鐘

便當菜

時蔬炒肉

材料（2 人份）
豬肉片 ………………… 160g
高麗菜 ····· 1/5 個（200g）
低筋麵粉 ……………… 2 小匙
沙拉油 ……………… 1 大匙

● 事先準備的調味料
蒜泥 ……………………… 3cm
日式伍斯特醬 ……… 1 大匙
砂糖 ……………………… 2 小匙
醬油 ……………………… 2 小匙
酒 ……………………… 2 小匙
番茄醬 ……………… 2 小匙

作法
① 高麗菜切成 4cm 大小，豬肉沾上一層低筋麵粉。
② 將沙拉油和豬肉放進平底鍋裡以中火加熱、翻炒，待豬肉變色後放入高麗菜、蓋上鍋蓋，轉以中弱火悶燒 3 分鐘。
③ 打開鍋蓋翻炒食物，待高麗菜變軟後放入●事先準備的調味料，直到收汁。

高麗菜芯較硬，可以切成小塊一點。

肉片沾上麵粉能防止豬肉的美味流失，而且有助於提高豬肉的香氣。

MEMO
不得閒的時候，5 分鐘就能做好的一道料理。忙得不可開交的時候，請一定要試試看！

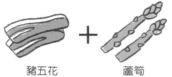

豬五花　＋　蘆筍

🥄 道具	平底鍋
🕐 時間	10 分鐘

季節蘆筍五花捲

材料（2 人份）

豬五花肉薄片 ………… 6 片
綠蘆筍 ………………… 6 根
胡椒鹽 ………………… 少量
太白粉 ………………… 適量
沙拉油 ………………… 2 小匙
粗粒黑胡椒 …………… 適量

● 事先準備的調味料
醬油 ………… 1 又 1/2 大匙
酒 …………… 1 又 1/2 大匙
味醂 ………………… 1 大匙

作法

1️⃣ 將綠蘆筍根部較硬的部分切去，再以削皮刀如下圖所示去除 1/3 長度左右的硬皮。一片豬肉片捲一根蘆筍，表面灑上胡椒鹽和太白粉。

2️⃣ 將作法1️⃣的食材和沙拉油放入平底鍋裡以中火加熱，滾動豬肉捲，等到豬肉表面成金黃色後蓋上鍋蓋轉以小火悶煮 5 分鐘。

3️⃣ 打開鍋蓋，以廚房紙巾去除鍋內多餘的油脂，倒入●直到湯汁變少，最後再灑上粗粒黑胡椒。

MEMO
下鍋時，豬肉捲的接縫部位要朝下，這樣豬肉才不會散開，會煎的很漂亮。最後灑上黑胡椒讓味道升級。

豬肉片　＋　山藥

🥄 道具	平底鍋
🕐 時間	10 分鐘

常備菜　便當菜

山藥豬肉炒

材料（2 人份）

豬肉片 ………………… 160g
山藥 ……… 10cm（140g）
胡椒鹽 ………………… 少許
太白粉 ………………… 1 小匙
麻油 …………………… 2 小匙

● 事先準備的調味料
蒜泥 …………………… 1cm
酒 …………… 1 又 1/2 大匙
番茄醬 ……… 1 又 1/2 小匙
味醂 …………………… 1 小匙
醬油 …………………… 1 小匙
蠔油 …………………… 1 小匙

作法

1️⃣ 豬肉灑上胡椒鹽後，沾上一層太白粉。山藥去皮後切成 5mm 厚的半月形。

2️⃣ 將麻油和豬肉放入平底鍋裡以中火加熱，待豬肉變色後放入山藥翻炒。

3️⃣ 當山藥的四周轉為透明後，加入●煮到收汁為止。

豬肉沾上上太白粉與山藥產生的黏稠成分，會讓醬汁吸附在食物上。

MEMO
山藥用炒的吃起來很鬆軟，有別於生吃的口感。這是一道味道濃郁、非常下飯的家常菜。

 +

豬肉火鍋肉片　　　紅蘿蔔

	道具	湯鍋
	時間	10 分鐘

常備菜

紅蘿蔔涮肉

材料（2 人份）
火鍋用的豬里肌肉片　180g
紅蘿蔔 ………………………… 1 根

● 事先準備的調味料
薑泥 ………………………… 1cm
醋 ………………… 1 又 1/2 大匙
醬油 ……………… 1 又 1/2 大匙
砂糖 ………………………… 1 大匙
白芝麻 ……………………… 1 大匙
麻油 ………………………… 1 小匙
豆瓣醬 …………………… 1/2 小匙

作法
1 將紅蘿蔔以削皮刀削成長薄片。
2 湯鍋裡煮水，待水滾後放入紅蘿蔔，煮 1 分鐘後撈起放進冷水中冷卻、瀝乾。利用同一鍋熱水燙豬肉，等豬肉變色後撈起、靜置冷卻。
3 將作法2的食材盛裝在器皿裡淋上●。

紅蘿蔔如插圖所示，拿橫向且稍微傾斜，這樣削皮會比較安全。

MEMO
紅蘿蔔削成長薄片會比較快熟，容易吸取調味料的味道，最後灑上白芝麻，讓味道更豐富。

 +

豬肉片　　　　　韓式泡菜

	道具	平底鍋
	時間	8 分鐘

常備菜　便當菜

辣炒泡菜豬

材料（2 人份）
豬肉片 ……………… 160g
泡菜 ………………… 150g
美乃滋 ……………… 1 大匙
麻油 ………………… 1 小匙

● 事先準備的調味料
麵之友（2 倍濃縮） 1 小匙
味醂 ………………… 1 小匙

作法
1 將美乃滋和豬肉放進平底鍋裡以中火拌炒。
2 待豬肉變色後放入泡菜繼續拌炒，等到泡菜變熱後倒入●再稍微炒一下。
3 待豬肉入味後熄火，最後再淋上麻油稍微攪拌一下即可。

以美乃滋取代代理油會讓食物的味道更濃郁、吃起來更美味。

MEMO
美乃滋會緩和泡菜的辛辣，小朋友也可以吃。上桌前再灑上白芝麻味道更棒！

豬五花肉 ＋ 水菜

道具	湯鍋
時間	5 分鐘

香醇豆漿豬肉湯

材料（2 人份）
豬五花薄片 ············ 120g
水菜 ····················· 120g
豆漿 ·················· 200ml
蒜泥 ······················ 1cm
雞骨高湯粉 · 1 又 1/2 小匙
水 ························· 50ml

作法
1 將豬肉和水菜切成 5cm 寬。
2 在湯鍋裡放入豆漿、蒜泥、雞骨高湯粉和水，以中火加熱，水滾之前放入豬肉，撈起鍋內的浮沫。
3 等到豬肉變色之後，再放入水菜稍微煮一下。

MEMO
這是一道短時間內就能完成的健康湯品。如果把食材增加兩倍，調味料增加一倍，就可當成主菜。

豬里肌肉 ＋ 酪梨

道具	平底鍋
時間	10 分鐘

酪梨里肌肉排

材料（2 人份）
豬里肌肉 ···· 2 片（220g）
酪梨 ······················ 1 個
胡椒鹽 ··················· 少許
低筋麵粉 ················· 適量
沙拉油 ················· 2 小匙

● 事先準備的調味料
山葵 ······················ 4cm
醬油 ············ 1 又 1/2 大匙
酒 ·············· 1 又 1/2 大匙
味醂 ············ 1 又 1/2 大匙

作法
1 取出豬肉筋，以菜刀刀背拍打豬肉，灑上胡椒鹽、裹上低筋麵粉。酪梨對半切去籽和皮，切成 10 等分。
2 在平底鍋裡放入沙拉油和豬肉以中火加熱，待豬肉呈金黃色時翻面、並蓋上鍋蓋轉以中弱火悶燒 4 分鐘。打開鍋蓋後去除鍋內多餘的油脂，再倒入●。
3 將豬肉切成容易入口的大小放在器皿裡，再把酪梨鋪在豬肉上，最後淋上殘留在鍋裡的醬汁。

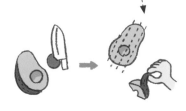

MEMO
如果酪梨較硬的話，可以和調味料一起放入鍋裡加熱。山葵泥加熱後辛辣的口感就會不見，只留下山葵獨特的香氣。

 + 青蔥

燒肉用豬五花肉

道具	平底鍋
時間	10 分鐘

常備菜　便當菜

蜂蜜味噌豬肉

材料（2 人份）
燒肉用豬五花肉 ……… 200g
青蔥 ………………………… 1 根

● 事先準備的調味料
薑泥 ………………………… 3cm
味噌 ……………………… 2 小匙
酒 ………………………… 2 小匙
蜂蜜 ……………………… 1 小匙
醬油 ……………………… 1 小匙
麻油 ……………………… 1 小匙
苦椒醬 ………………… 1/2 小匙

作法
1 青蔥切段，每段約 2cm 長。
2 將●放入大碗裡，再放進豬肉醃漬 5 分鐘。
3 平底鍋裡不用放油，將作法1和2的食材放入鍋裡轉中火。煎豬肉的同時滾動青蔥，待肉片兩面都呈金黃色、青蔥也變軟時熄火。

只要加一點苦椒醬整道菜的味道會更濃郁、美味，這是一種萬用的調味料，讓料理具有韓式風味。

MEMO
燒肉用的豬肉油脂較多，平底鍋不用放油也OK！多汁的豬肉、鮮甜的青蔥和甜甜辣辣的醬汁超搭，最後灑點白芝麻點綴。

 +

豬肉片　　杏鮑菇

道具	平底鍋
時間	8 分鐘

常備菜　便當菜

豬肉鮮菇炒

材料（2 人份）
豬肉片 ……………………… 150g
杏鮑菇 ……………………… 3 根
胡椒鹽 ……………………… 少許
太白粉 …………………… 2 小匙
美乃滋 ……… 1 又 1/2 大匙
蒜泥 ………………………… 3cm
醬油 ……………………… 2 小匙

作法
1 豬肉灑上胡椒鹽、沾上一層太白粉。杏鮑菇斜切成 8mm 寬的薄片。
2 平底鍋裡放入美乃滋、蒜泥、豬肉，以中火拌炒。待豬肉變色後加入杏鮑菇繼續炒，待杏鮑菇變軟後淋上醬油，再稍微翻炒一下即可。

以美乃滋取代料理油，會讓這道菜味道更濃郁，也更好吃。

MEMO
就算放涼了也很好吃，很適合當作便當菜。上桌前可灑點荷蘭芹末點綴。

豬肉片 ＋ 白菜

🥄 道具	平底鍋
🕐 時間	10 分鐘

常備菜　便當菜

味增肉片炒白菜

材料（2 人份）

豬肉片	⋯⋯⋯⋯⋯ 150g
白菜	⋯⋯⋯ 1/6 個（250g）
胡椒鹽	⋯⋯⋯⋯⋯⋯ 少許
太白粉	⋯⋯⋯⋯⋯⋯ 2 小匙
沙拉油	⋯⋯⋯⋯⋯⋯ 2 小匙

● 事先準備的調味料

薑泥	⋯⋯⋯⋯⋯⋯ 5cm
味噌	⋯⋯⋯⋯⋯⋯ 2 大匙
酒	⋯⋯⋯⋯⋯⋯ 2 大匙
味醂	⋯⋯⋯⋯⋯⋯ 1 小匙
砂糖	⋯⋯⋯⋯⋯⋯ 1 小匙

作法

1 豬肉灑上胡椒鹽、沾上一層太白粉。

2 白菜葉切成 5cm 大小，白菜心切成 1cm 寬的條狀。

3 將沙拉油和豬肉放入平底鍋裡以中火翻炒，待豬肉變色再加入白菜繼續翻炒。白菜變軟後倒入●，直到食材入味即可。

MEMO
味道濃郁帶點甜味的味噌醬汁因為薑泥味道更顯突出。愛吃辣的人可以加點豆瓣醬。

豬肉片 ＋ 麻糬

🥄 道具	平底鍋
🕐 時間	10 分鐘

豬肉麻糬燒

材料（2 人份）

豬肉片	⋯⋯⋯⋯⋯ 160g
麻糬塊	⋯⋯⋯⋯⋯⋯ 2 個
胡椒鹽	⋯⋯⋯⋯⋯⋯ 少許
低筋麵粉	⋯⋯⋯⋯⋯ 適量
沙拉油	⋯⋯⋯⋯⋯⋯ 2 小匙

● 事先準備的調味料

薑泥	⋯⋯⋯⋯⋯⋯ 3cm
醬油	⋯⋯⋯⋯⋯⋯ 1 大匙
酒	⋯⋯⋯⋯⋯⋯ 1 大匙
味醂	⋯⋯⋯⋯⋯⋯ 1 大匙
砂糖	⋯⋯⋯⋯⋯⋯ 1 小匙

作法

1 麻糬塊切成四等分。

2 豬肉灑上胡椒鹽並分成 8 等分，每一等分包住一塊麻糬，並且捏成圓形，裹上低筋麵粉。

3 將沙拉油和作法 2 的食材放入平底鍋裡開中火，滾動豬肉球。待豬肉球呈金黃色後，蓋上鍋蓋轉小火悶燒 5 分鐘後打開鍋蓋加入●，直到醬汁變少為止。

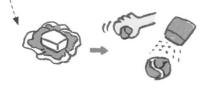

MEMO
可用生菜和切成兩半的迷你番茄點綴，這道菜很適合當作下酒菜。最好在麻糬變硬之前趁熱享用。

絞肉

MINCHED

可隨心所欲搭配任何食材的絞肉,簡單、省時、省錢!
漢堡排、各式肉丸等,都是大人、小孩非常喜歡的家常菜。

🍳 道具	平底鍋
🕐 時間	15 分鐘

便當菜

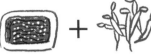

牛豬混合絞肉　　　　豆芽菜

超簡單豆芽菜
漢堡排

材料(2 人份)
牛豬混合絞肉 200g
豆芽菜 .... 1/2 袋(100g)
麻油 .... 2 小匙
醃料
雞蛋 .... 1 個
太白粉 .... 1 大匙
美乃滋 .... 1 大匙
胡椒鹽 .... 少許(味道較重)

───────────────────────

● 事先準備的調味料
蠔油 .... 2 大匙
味醂 .... 2 大匙
醋 .... 1 又 1/2 大匙

───────────────────────

作法

1️⃣ 豆芽菜切碎,和絞肉以及醃料一起放
入大碗裡拌勻後分成兩等分,並捏成圓
形。

2️⃣ 平底鍋裡放入麻油和作法1️⃣的食材,
以中火加熱。待肉排變色後翻面蓋上鍋
蓋,轉小火悶燒 7 分鐘。

3️⃣ 待肉排熟了之後去除,鍋內多餘的油
脂,再倒入●直到肉排入味。

將廚房紙巾折成正方形吸收
鍋內多餘的油脂,此時將平
底鍋稍微傾斜會比較好處
理。

MEMO
不要需要炒洋蔥也不需要放涼,豆芽菜的水分
會讓肉排吃起來更柔軟。擺盤可搭配萵苣和迷
你番茄。

豬絞肉 ＋ 韭菜

🍳 道具	平底鍋
🕐 時間	20 分鐘

香脆韭菜煎餃

材料（2 人份）
豬絞肉 80g
韭菜 .... 1/2 把
水餃皮 .... 14 張
沙拉油 .... 2 小匙
麻油 .... 1 小匙
醃料
薑泥 2cm
醬油 .... 1 小匙
麻油 .... 1 小匙
太白粉 .... 1 小匙
胡椒鹽 .... 少許

作法
1 韭菜切碎，和豬絞肉以及醃料一起放進大碗裡均勻攪拌。
2 將作法1的食材放進水餃皮裡，每一張水餃皮大約包 1 又 1/2 小匙的內餡，在水餃皮的邊緣沾水，捏出縐摺後再捏緊。
3 平底鍋裡放入沙拉油和餃子以中火加熱，待水餃呈金黃色後倒入水，其水量約是水餃 1/4 的高度，蓋上鍋蓋以中弱火悶燒 3 分鐘。打開鍋蓋後轉大火去除鍋內的水氣，從鍋邊倒入麻油，酥脆的煎餃就能上桌了。

依個人的口味以醋、醬油、柑橘醋和黑胡椒等調配沾醬

豬絞肉 ＋ 馬鈴薯

🥄 道具	平底鍋
🕐 時間	25 分鐘

常備菜

馬鈴薯豬肉煮

材料（2 人份）
豬絞肉 100g
馬鈴薯 ...... 2 個（300g）
沙拉油 .... 1 小匙
太白粉水（太白粉 2 小匙＋水 1 大匙）

● 事先準備的調味料
薑泥 3cm
和風高湯粉 .... 1 小匙
酒 .... 2 大匙
味醂 .... 2 大匙
醬油 .... 1 大匙
麵之友（2 倍濃縮） 1 大匙
水 300ml

作法
1 馬鈴薯切成 3cm 大小。
2 平底鍋裡放入沙拉油和豬絞肉以中火翻炒，待絞肉變色後再加入馬鈴薯，繼續炒 2 分鐘。
3 倒入●，等到醬汁煮沸後去除鍋內的浮沫，蓋上鍋蓋轉為中弱火煮 15 分鐘。待馬鈴薯變軟後轉小火，倒入太白粉水勾芡。

豬絞肉 + 蓮藕

🥄 道具	平底鍋
🕐 時間	15 分鐘

常備菜 便當菜

醬燒豬肉蓮藕丸

材料（2 人份）
豬絞肉 ····················· 200g
蓮藕 ·········· 1 節（200g）
低筋麵粉 ················· 適量
沙拉油 ················· 1 大匙
醃料
麵包粉 ·················· 2 大匙
酒 ······················· 1 小匙
醬油 ······················ 1 小匙
胡椒鹽 ··················· 少許

● 事先準備的調味料
燒肉醬（中辣）······· 3 大匙
味醂 ······················ 2 小匙

作法

1. 蓮藕去皮，先切 3mm 厚的輪狀六片，把剩下的部分磨成泥後，稍微用手捏一下，去除水氣。再把蓮藕泥和豬絞肉、醃料一起放入大碗裡均勻攪拌。

2. 將作法 1 的食材分成六等份，並捏成丸狀，表面沾上一層薄薄的低筋麵粉，再把蓮藕片黏在每個肉丸上。

3. 平底鍋裡放入沙拉油和蓮藕丸子（蓮藕朝下）以中火加熱，待蓮藕呈金黃色之後再翻面、蓋上鍋蓋，轉為中弱火悶燒 5 分鐘。

4. 去除鍋內多餘的油脂後倒入 ●，直到食物入味為止。

蓮藕汁很有營養，可治感冒，擠出來的蓮藕汁不要丟棄可加入味噌裡。要喝的時候，以熱水沖開加點蜂蜜即可。

MEMO
把料理放進小一點的器皿裡，看起來份量十足，加點沙拉葉增加色彩！

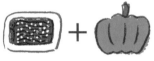 牛豬混合絞肉 + 南瓜

🥄 道具	平底鍋
🕐 時間	10 分鐘

常備菜 便當菜

日式咖哩醬油南瓜

材料（2 人份）
牛豬混合絞肉 ·········· 100g
南瓜 ······· 1/8 個（150g）
沙拉油 ················· 2 小匙
胡椒鹽 ··················· 少許

● 事先準備的調味料
味醂 ······················ 2 小匙
醬油 ······················ 2 小匙
咖哩粉 ················· 1/2 小匙

作法

1. 去除南瓜籽並切成 8mm 厚的薄片。

2. 將沙拉油和南瓜放入平底鍋裡以中火加熱，待南瓜呈金黃色後翻面推到鍋子邊，空出來的空間放絞肉，再灑上胡椒鹽翻炒。

3. 待絞肉變色後倒入 ●，再將所有食材混在一起翻炒。

南瓜籽以湯匙挖掉，很方便。

MEMO
南瓜和咖哩非常搭，超級下飯！還可以將食物放在耐熱器皿裡，上面灑滿起司放進烤箱烤，味道也非常棒。

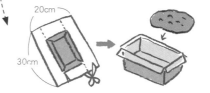

牛豬混合絞肉 + 綜合三色蔬菜

道具	18cm 蛋糕模 烤箱
時間	45 分鐘

常備菜　便當菜

三色蔬烤肉餅

材料（2 人份）

牛豬混合絞肉 ………… 320g
冷凍綜合三色蔬菜 … 110g

醃料

雞蛋 …………………… 1 個
薑泥 ………………………… 3cm
法式清湯粉 …………… 1 小匙
美乃滋 ………………… 1 小匙
日式伍斯特醬 ……… 1 小匙
胡椒鹽 ………………… 少許

● 事先準備的調味料
番茄醬 ……… 1 又 1/2 大匙
日式伍斯特醬　1 又 1/2 大匙

作法

1 將冷凍綜合三色蔬菜依照袋外標示解凍，去除水氣，和絞肉、醃料一起放入大碗裡均勻攪拌。

2 烘焙紙鋪在蛋糕模型裡，再倒入作法1的食材，放進事先以 200 度預熱的烤箱裡烤 35 分鐘。

3 稍微放涼之後再切成適當的大小，並附上●。

MEMO
這道肉餅完全不需要使用菜刀，材料混合均勻後交給烤箱就可搞定，是個超級簡單的食譜！

如圖示，將烘焙紙放在蛋糕模型上四邊剪開，接著把紙鋪進模型後，再把剪開的部分往外折。

豬絞肉 + 蕪菁

道具	平底鍋
時間	15 分鐘

常備菜　便當菜

香酥麻婆蕪菁

材料（2 人份）

豬絞肉 ………………… 120g
蕪菁 ……… 2 個（300g）
蒜泥 ………………………… 2cm
薑泥 ………………………… 2cm
豆瓣醬 ………… 1/2 小匙
麻油 ………… 1 又 1/2 小匙
太白粉水（太白粉 2 小匙＋水 1 又 1/2 大匙）

● 事先準備的調味料
味噌 …………………… 1 大匙
酒 ……………………… 2 小匙
砂糖 …………………… 2 小匙
蠔油 …………………… 1 小匙
醬油 …………………… 1 小匙
雞骨高湯粉 ………… 1 小匙
水 ……………………… 140ml

作法

1 將蕪菁的莖和果實分開，莖切成 3cm 長，而果實的部分去皮後如下圖切成 8 等分。

2 平底鍋裡放入薑泥和蒜泥、豆瓣醬、麻油和絞肉以中火翻炒，待絞肉變色後放入蕪菁和●。待醬汁煮滾後轉為中弱火，攪拌 2～3 次鍋內食材，繼續煮 7 分鐘。

3 倒入拌勻的太白粉水，快速攪拌勾芡。

MEMO
帶著甜味的蕪菁吃起來相當爽口。愛吃辣的可以稍微增加豆瓣醬的用量。加入蕪菁的莖，讓整道菜看起來更色彩鮮豔、美味。

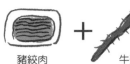 豬絞肉 ＋ 牛蒡

照燒牛蒡漢堡

材料（2 人份）
豬絞肉 200g
牛蒡 .... 1/2 根（70g）
沙拉油 .... 2 小匙
醃料
雞蛋 .... 1 個
醬油 .... 1 又 1/2 小匙
美乃滋 ...... 1 又 1/2 小匙
太白粉 .... 2 小匙

● 事先準備的調味料
酒 .... 1 又 1/2 大匙
味醂 .... 1 又 1/2 大匙
醬油 .... 1 又 1/2 大匙
砂糖 .... 2 小匙

作法
1 牛蒡去皮削成薄片，浸泡在水裡
3 分鐘後撈起瀝乾。
2 將牛蒡、絞肉和醃料放進大碗裡
均勻攪拌後分成四等分，並捏成圓形。
3 將沙拉油和作法 2 的食材放入平
底鍋裡以中火加熱，待漢堡排呈金黃
色後翻面蓋上鍋蓋，轉為中弱火悶燒
5 分鐘，最後再倒入 ●。

盡可能把牛蒡削薄一點，
如果太厚的話，捏成漢堡
排時，不但牛蒡容易突出
來，也不好食用。

一邊轉動牛蒡，一邊
像削鉛筆一樣削，會
削得比較薄。

MEMO
盤中放上沙拉葉和迷你番茄，灑上白芝麻，就
可上桌。如果要冷凍的話，可以將煎好的漢堡
排分別以保鮮膜包好。

 牛豬混合絞肉 ＋ 茄子

道具	平底鍋 烤箱
時間	20 分鐘

茄子絞肉起司燒

材料（2 人份）
牛豬混合絞肉 120g
茄子 .... 2 個
披薩用起司 30g
沙拉油 .... 1 小匙

● 事先準備的調味料
番茄醬 .... 1 大匙
醬油 .... 2 小匙
味醂 .... 2 小匙

作法
1 將茄子以滾刀切成 2cm 大小，浸
泡在水裡 3 分鐘後撈起瀝乾。
2 平底鍋裡放入沙拉油和絞肉以中
火拌炒，待絞肉變色後加入茄子繼續
翻炒，等到茄子變軟倒入 ● 調味。
3 將鍋內的食材放進耐熱器皿中，
灑滿起司後放進 1000W 的烤箱烤 10
分鐘。

將茄子切成兩半後，從
左右兩邊流輪切塊。

MEMO
以烤盤直接烤會格外美麗！上桌前灑上荷蘭芹
末看起來更美味，如果不喜歡茄子，也可以換
成南瓜或是地瓜。

+

牛豬混合絞肉　　　　萵苣

🥄 道具	平底鍋
🕐 時間	5 分鐘

萵苣鮮肉炒

材料（2 人份）
牛豬混合絞肉 ………… 180g
萵苣 ……… 1 個（300g）
沙拉油 …………… 1 小匙

● 事先準備的調味料
蒜泥 …………………… 2cm
醬油 ………… 1 又 1/2 大匙
砂糖 ………… 1 又 1/2 大匙
酒 …………… 1 又 1/2 大匙
醋 ………………………… 1 小匙

作法
1. 將萵苣以手撕成片狀。
2. 將沙拉油、絞肉放入平底鍋裡以中火加熱，待絞肉變色後，放入●拌炒，再放入萵苣芯的部分繼續翻炒。
3. 等到萵苣芯變軟後放入萵苣葉，稍微拌炒一下後即可熄火。

如果以菜刀切萵苣，切口的部分會變成咖啡色。料理萵苣時切勿使用菜刀，如圖以手撕開萵苣纖維即可。

> **MEMO**
> 兩人份的話需要一整顆萵苣！這是一盤熱沙拉，非常健康的一道菜。裝在褐色的器皿上，萵苣的顏色會更鮮明。

 +

雞絞肉　　　　青蔥

🥄 道具	平底鍋　微波爐
🕐 時間	15 分鐘

常備菜　便當菜

辣味雞肉丸

材料（2 人份）
雞絞肉 ………………… 250g
青蔥 …………………… 10cm
沙拉油 ………………… 適量
醃料
雞蛋 …………………… 1 個
薑泥 …………………… 3cm
麵包粉 ………………… 3 大匙
太白粉 ………………… 2 小匙
酒 ……………………… 2 小匙
胡椒鹽 ………………… 少許

● 事先準備的調味料
蒜泥 …………………… 1cm
番茄醬 ………………… 2 大匙
醬油 …………………… 2 小匙
太白粉 ………………… 1 小匙
雞骨高湯粉 …………… 1/4 小匙
豆瓣醬 ………………… 1/4 小匙
水 …………………… 50ml

捏雞肉丸時，手上最好沾點水比較不容易沾黏。

作法
1. 將雞絞肉和醃料放進大碗裡均勻攪拌後，捏成 3cm 大小的丸子。
2. 平底鍋裡倒入 5mm 深的沙拉油後開中火，將作法1的食材放入鍋內，一邊滾動丸子一邊煎，直到丸子呈金黃色後撈起瀝油。
3. 將切碎的青蔥和●放進耐熱的大碗裡攪拌均勻，蓋上保鮮膜後放進 600W 的微波爐裡加熱 1 分鐘。取出後攪拌均勻，蓋上保鮮膜加熱 1 分鐘。再稍微攪拌後淋在作法2的食材上。

以煎取代油炸，不但使用的油量較少，也不必處理炸過的油，還可以降低卡洛里的攝取，一舉數得。

> **MEMO**
> 照片上是將醬料淋在雞肉丸子上的模樣，也可以把煎熟的丸子放進微波過的醬汁裡。

 +

牛豬混合絞肉　　　油豆腐

道具	平底鍋
時間	8 分鐘

常備菜　便當菜

和風油豆腐咖哩

材料（2 人份）
牛豬混合絞肉 ………… 100g
油豆腐 …… 1 塊（250g）
薑泥 ……………………… 2cm
麻油 …………………… 1 小匙

● 事先準備的調味料
麵之友（2 倍濃縮） 1 大匙
和風高湯粉 ……… 1/3 小匙
咖哩粉 ………… 1/2 小匙
砂糖 …………… 1/2 小匙
太白粉 ………… 1/2 小匙
水 ………………………… .50ml

作法
1 將油豆腐如下圖縱向切半後，橫向再切成 6 等分。
2 平底鍋裡放入薑泥、麻油和絞肉以中火翻炒，待絞肉變色後再放入油豆腐繼續翻炒。
3 油豆腐熱了之後，倒入●，均勻攪拌鍋內食物直到醬汁變稠。

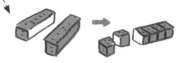

MEMO
在調味料裡放入太白粉，絕對不會失敗。把這道菜淋在白飯上，就成了蓋飯。

豬絞肉　　　日本魚板

道具	平底鍋
時間	15 分鐘

常備菜　便當菜

手工日本魚板 QQ 丸

材料（2 人份）
豬絞肉 ……………… 150g
日本魚板 …………… 1 片
沙拉油 ……………… 2 小匙
醃料
太白粉 ……………… 1 小匙
醬油 ………………… 1 小匙

● 事先準備的調味料
柑橘醋 ……………… 3 大匙
砂糖 ………………… 1 小匙
美乃滋 ……………… 1 小匙

作法
1 將日本魚板放入大碗裡用手捏碎，放入絞肉和醃料均勻攪拌後，捏成 3cm 大的丸子。
2 平底鍋裡放入沙拉油和作法1的食材以中火加熱，一邊滾動丸子一邊煎。等到丸子呈金黃色後，轉為中弱火悶燒 3 分鐘。
3 打開鍋蓋倒入●，直到丸子入味。

捏丸子時，手上最好沾點水比較不容易沾黏。

MEMO
在準備調味料時，美乃滋沒有完全融化也沒關係，因為只要加熱就會融化了。將丸子放在較小的器皿上，以堆疊的方式擺盤。

 +

雞絞肉　　　　羊栖菜

道具	平底鍋
時間	10 分鐘

便當菜

羊栖菜風味炸春捲

材料（2 人份）
雞絞肉 110g
羊栖菜（乾燥）..... 1/2 罐
（55g）
春捲皮 .... 6 張
沙拉油 .... 適量
醃料
薑泥 3cm
醬油 .... 1 小匙
胡椒鹽 .... 少許
麵粉糊（低筋麵粉 2 小匙＋
水 2 小匙）
_____

作法
1 將絞肉和羊栖菜、醃料放進大碗
裡均勻攪拌。
2 春捲皮放成菱形狀，每個春捲皮
放入作法1食材的 1/6。將靠近自己
的春捲皮如下圖所示往前方折 1～
2 次後，再將左右兩側的春捲皮往內
疊，然後再塗上麵粉糊包起來。
3 平底鍋裡倒進 5mm 深的沙拉油開
中火，放入作法2的春捲，待兩面煎
成金黃色後即可。

> **MEMO**
> 乾燥過的羊栖菜只要以水泡發即可使用，相當
> 方便。若是使用乾燥的羊栖菜，用量只要 8g
> 即可，可以沾黃芥末或是柑橘醋一起享用。

煎春捲時，封口那面要
先朝下，這樣才會煎得
漂亮。

牛豬混合絞肉　　　　牛蒡

道具	平底鍋
時間	15 分鐘

常備菜　便當菜

中式炒牛蒡

材料（2 人份）
牛豬混合絞肉 120g
牛蒡 .... 1 根（150g）
豆瓣醬 .... 1/2 小匙
麻油 .... 1 小匙

● 事先準備的調味料
酒 .... 1 大匙
水 .... 1 大匙
蠔油 .... 2 小匙
醬油 .... 1 又 1/2 小匙
砂糖 .... 1 小匙
胡椒鹽 .... 少許

作法
1 牛蒡去皮，斜削成薄片浸泡在水
裡 3 分鐘後撈起瀝乾。
2 平底鍋裡放入豆瓣醬、麻油、絞
肉以中火拌炒。待絞肉變色後加入牛
蒡繼續拌炒。
3 等到牛蒡變軟，倒入●，直到水
分蒸發即可熄火。

豆瓣醬以油炒過的話，香
氣和辣味十足。比起單純
使用生辣椒，食物的味道
會更濃郁、更美味。用量
只要一點點即可。

> **MEMO**
> 這道菜份量十足，可當作主菜。也可做成歐姆
> 蛋捲或是淋上蛋汁，作法多樣。

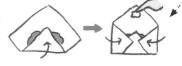

牛豬混合絞肉　　＋　　茄子

咖哩風味燉茄子

材料（2 人份）

牛豬混合絞肉 ………… 100g
茄子 …………………… 2 個
蒜泥 ………………… 3cm
橄欖油 ……………… 1 大匙
咖哩粉 ……………… 1 小匙
胡椒鹽 ……………… 少許

● 事先準備的調味料
番茄罐頭 · 1/2 罐（200g）
番茄醬 ……………… 1 大匙
法式清湯粉 ………… 1 小匙

作法

1. 以滾刀將茄子切成 2cm 大小。
2. 將蒜泥、橄欖油、牛豬混合絞肉放進平底鍋裡以中火翻炒，待絞肉變色後加入茄子繼續拌炒。等到茄子變軟之後加入咖哩粉再炒 1 分鐘。
3. 倒入●轉小火炒 4 分鐘，最後再加上胡椒鹽調味。

將茄子切成兩半後，從左右兩邊流輪切塊。

MEMO

這道菜的訣竅在於咖哩粉要和其他食材一起炒過。照片上是以細葉芹點綴，換成荷蘭芹也可以。很適合搭配白飯或是麵包一起享用。

　＋　

牛豬混合絞肉　　　　馬鈴薯

| 道具 | 平底鍋 |
| 時間 | 10 分鐘 |

常備菜　便當菜

BBQ 風味馬鈴薯

材料（2 人份）

牛豬混合絞肉 ……… 100g
馬鈴薯 …… 2 個（300g）
奶油 ……………… 1 小匙

● 事先準備的調味料
番茄醬 …… 1 又 1/2 大匙
日式伍斯特醬 …… 1 小匙
醬油 ……………… 1 小匙
蜂蜜 ……………… 1 小匙

作法

1. 馬鈴薯切成 5mm 寬的細條狀，浸泡在水裡 3 分鐘後撈起瀝乾。
2. 平底鍋裡放入奶油和絞肉以中火拌炒，待絞肉變色後加入馬鈴薯繼續翻炒。
3. 馬鈴薯熟透後加入●，再繼續拌炒直到水氣蒸發。

切成細條狀的馬鈴薯泡水最主要是防止馬鈴薯變色，並洗去從切口流出的澱粉。如果沒有泡水，馬鈴薯會黏在一起影響口感。

MEMO

小朋友最愛的甜辣 BBQ 口味，也可使用五月薯這個品種烹調。擺盤時只要把馬鈴薯依序疊好即可，看起來是不是很誘人呢？

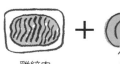

雞絞肉 ＋ 洋蔥

道具	平底鍋
時間	15 分鐘

常備菜 便當菜

雞肉洋蔥丸

材料（2 人份）

雞絞肉 ················· 250g
洋蔥 ····················· 1/4 個
沙拉油 ··················· 適量

醃料

雞蛋 ······················· 1 個
雞骨高湯粉 ··········· 1 小匙
低筋麵粉 ··············· 3 大匙
酒 ························· 1 小匙
胡椒鹽 ··················· 少許

作法

1 洋蔥切碎。

2 將洋蔥、絞肉和醃料放進大碗裡均勻攪拌後，再捏成 3cm 大的橢圓形。

3 平底鍋裡倒入 5mm 深的沙拉油後開中火，放入作法 2 的食材，將丸子的兩面煎成金黃色即可。

這是以少量的油半煎炸的烹調方式，不但使用的油量較少，也不必處理炸過的油，還可以減少卡洛里的攝取，一舉數得！

MEMO
料理完成後，直接吃就很讚了，不過這道菜和芥末、美乃滋也很搭。做成圓形的料理小朋友最喜歡了！

豬絞肉 ＋ 豆芽菜

道具	平底鍋
時間	5 分鐘

常備菜 便當菜

銀芽絞肉

材料（2 人份）

豬絞肉 ··············· 120g
豆芽菜 ······ 1 袋（200g）
蒜泥 ····················· 2cm
薑泥 ····················· 2cm
麻油 ··················· 2 小匙

● 事先準備的調味料
苦椒醬 ··············· 1 小匙
美乃滋 ··············· 2 小匙
醬油 ··················· 2 小匙
胡椒鹽 ··················· 少許

作法

1 將蒜泥、薑泥、麻油和豬絞肉放入平底鍋裡開中火。

2 拌炒豬絞肉，待豬肉變色後放入 ● 和豆芽菜，再繼續拌炒直到豆芽菜變軟即可。

只要加一點苦椒醬整道菜的味道會更濃郁、美味，這是一個萬用調味料，讓料理具有韓式風味。

MEMO
這道菜一點都不辛辣，而是使用味道濃郁的苦椒美乃滋，讓清爽口感的豆芽菜搖身一變成為超級下飯的家常菜，而且也非常省荷包。

牛肉
BEEF

價格昂貴，鮮少出現在餐桌上的牛肉，如果採用牛肉片，價格親民許多。
「不要煮太熟」與「去除牛肉的浮沫」，是牛肉料理好吃的秘訣。

道具	平底鍋
時間	10 分鐘

常備菜　便當菜

牛肉片　　　　　彩椒

韓式烤牛肉

材料（2 人份）
牛肉片 ……………………………… 180g
彩椒（紅、黃）…………………… 各 1/2 個

● 事先準備的調味料
蒜泥 ………………………………… 2cm
酒 …………………………………… 1 大匙
醬油 ………………………… 1 又 1/2 小匙
砂糖 ………………………… 1 又 1/2 小匙
蠔油 ………………………… 1 又 1/2 小匙
豆瓣醬 …………………………… 1/2 小匙
太白粉 …………………………… 1/2 小匙
麻油 ………………………………… 2 小匙

作法
1 將牛肉和●放進大碗裡，以手搓揉
後，靜置 5 分鐘。
2 彩椒如下圖縱向切半，再切成 5mm
寬的條狀。
3 將牛肉放入平底鍋中（不用放油），
開中火拌炒，待牛肉變色後加入作法**2**
的彩椒，繼續拌炒直到彩椒變軟為止。

以手將彩椒的蒂頭拔起，取出彩椒內的
籽後縱向切半（1/4），然後翻到內側
切成條狀。

MEMO
開火拌炒只要 5 分鐘就能上桌，是道超簡單
的料裡。改用青椒也可以，選用彩椒是為了讓
整道菜色彩更鮮豔、美麗。上桌前別忘了灑上
白芝麻！

牛肉片 ＋ 白蘿蔔

道具	平底鍋
時間	25 分鐘

常備菜

日式牛肉蘿蔔燉煮

材料（2 人份）
牛肉片 ⋯⋯⋯⋯⋯ 120g
白蘿蔔 ⋯⋯ 12cm（300g）
沙拉油 ⋯⋯⋯⋯⋯ 2 小匙

● 事先準備的調味料
和風高湯粉 ⋯⋯ 1/2 小匙
醬油 ⋯⋯⋯⋯⋯ 2 大匙
酒 ⋯⋯⋯⋯⋯⋯ 2 大匙
味醂 ⋯⋯⋯⋯⋯ 2 大匙
砂糖 ⋯⋯⋯ 1 又 1/2 大匙
水 ⋯⋯⋯⋯⋯⋯ 300ml

作法
1 白蘿蔔以滾刀切成 3cm 大小。
2 平底鍋裡放入沙拉油和牛肉以中火拌炒，待牛肉變色後加入白蘿蔔繼續拌炒。
3 倒入●，等到煮滾後去除鍋內的浮沫，蓋上鍋蓋（不要完全蓋上，留點縫隙），轉小火煮 15 分鐘。打開鍋蓋，攪拌鍋內的食物再煮約 3 分鐘，直到白蘿蔔變軟。

MEMO
放涼之後味道會更好，可隨個人口味灑些七味辣椒粉。

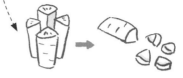

白蘿蔔如上圖所示縱向切成四等分，然後再以滾刀切成容易入口的大小。

牛肉片 ＋ 白菜

道具	平底鍋
時間	10 分鐘

白菜牛肉壽喜燒

材料（2 人份）
牛肉片 ⋯⋯⋯⋯⋯ 170g
白菜 ⋯⋯⋯ 1/4 個（400g）

● 事先準備的調味料
酒 ⋯⋯⋯⋯⋯⋯ 2 大匙
味醂 ⋯⋯⋯⋯⋯ 2 大匙
醬油 ⋯⋯⋯⋯⋯ 2 大匙
砂糖 ⋯⋯⋯ 1 又 1/2 大匙
水 ⋯⋯⋯⋯⋯⋯ 70ml

作法
1 如下圖所示，白菜芯切成 3cm 寬，白菜葉切成 5cm 寬。
2 平底鍋裡放入●後開中火，煮滾後加入白菜蓋上鍋蓋，轉為中弱火悶煮 4 分鐘。
3 打開鍋蓋將所有食材均勻拌炒後移到鍋子邊緣，空出來的空間放入牛肉拌炒。去除牛肉的浮沫、待牛肉變色後再繼續煮 3 分鐘即可熄火。

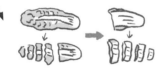

MEMO
牛肉最後再下鍋只要稍微加熱即可，這樣的牛肉吃起來肉質柔軟。壽喜燒風味的醬汁，非常下飯。

海鮮
SEAFOOD

海鮮類的料理讓餐桌更豐富。
利用已經處理過的魚肉或綜合海鮮，為家人加菜吧！

道具	湯鍋 平底鍋
時間	10 分鐘

花枝　＋　花椰菜

鮮炒花椰花枝

材料（2 人份）
花枝 …………………………… 1 碗（290g）
花椰菜 …………………………………… 1 個
蒜泥 …………………………………… 3cm
奶油 ………………………………… 1 大匙

● 事先準備的調味料
醬油 ………………………………… 1 大匙
味醂 ………………………………… 1 大匙
胡椒鹽 ……………………………… 少許

作法
❶ 將花椰菜切成小株，稍微以鹽水汆燙。花枝去除軟骨和內臟後以清水沖洗，將身體的部分切成 1.5cm 寬的輪狀，腳的部分則是切成容易入口的大小。
❷ 平底鍋裡放入蒜泥、奶油和花枝以中火拌炒，待花枝變色後再加入花椰菜繼續拌炒，最後倒入●調味即可。

將花枝腳和內臟從花枝的身體拉出後，以菜刀切斷，再拔出附著在身體上的透明軟骨。

MEMO
大蒜、奶油、醬油這三種味道超搭，再加上味醂的甜味，美味升級！若購買已經處理過的花枝會更省事。

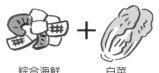

綜合海鮮　＋　白菜

道具	湯鍋 平底鍋
時間	10 分鐘

燴海鮮

材料（2 人份）
冷凍綜合海鮮 ………… 250g
白菜 ……… 1/6 個（250g）
麻油 ………………… 2 小匙

● 事先準備的調味料
雞骨高湯粉 ………… 2 小匙
醬油 ………………… 2 小匙
太白粉 ……………… 2 小匙
味醂 ………………… 1 小匙
胡椒鹽 ………………… 少許
水 ……………………… 180ml

作法
1 將綜合海鮮放進大碗裡淋上熱水解凍，白菜芯切成 1cm 寬、白菜葉切成 3cm 寬的大小。
2 平底鍋裡放入麻油和綜合海鮮以中火拌炒，海鮮熟了之後加入白菜繼續拌炒。
3 等到白菜變軟之後倒入●，勾芡、調味。

MEMO
直接吃當然沒問題，淋在白飯上就成了海鮮燴飯。又或是淋在兩面煎成金黃色的麵上，就成了港式炒麵。

蝦子　＋　洋蔥

道具	平底鍋
時間	15 分鐘

常備菜　便當菜

黃金洋蔥蝦丸

材料（2 人份）
蝦仁 ………………… 170g
洋蔥 ………………… 1/4 個
美乃滋 ……………… 1 小匙
太白粉 ……………… 1 小匙
胡椒鹽 ………………… 少許
低筋麵粉與沙拉油　各適量

作法
1 去除蝦子背部的蝦腸，再以菜刀拍出黏性，洋蔥切碎。
2 將作法1的食材和美乃滋、太白粉、胡椒鹽放入大碗裡均勻攪拌，將所有食材分成 8 等分後，捏成丸狀、裹上低筋麵粉。
3 平底鍋裡倒入 5mm 深的沙拉油後開中火，將作法2的丸子放入鍋內。滾動丸子直到表面呈金黃色為止。

MEMO
要注意鍋內的油溫不要過高，大約維持在 160 度左右。盤子邊緣可放上紫蘇葉和鹽巴，為料理的視覺效果加分。

花枝 ＋ 珠蔥

青蔥炒花枝

材料（2 人份）
花枝 ………… 1 碗（290g）
珠蔥 ………………………… 5 根
蒜泥 ………………………… 2cm
奶油 ……………………… 2 小匙
美乃滋 …………………… 適量

● 事先準備的調味料
酒 …………………… 1 大匙
醬油 ………………… 1 大匙
味醂 ………………… 1 大匙
砂糖 ……………… 1 又 1/2 小匙

作法

1 花枝去除軟骨和內臟後以清水沖洗，將身體的部分切成 1.5cm 寬的輪狀，腳的部分則是切成容易入口的大小。珠蔥切碎。

2 平底鍋裡放入蒜泥、奶油和花枝以中火拌炒，當花枝快要變色之前倒入●繼續拌炒，當醬汁轉為濃稠後熄火。

3 將鍋內食材盛裝在器皿裡，灑上切碎的蔥花，並且淋上美乃滋。

將花枝角和內臟從花枝的身體拉出後，以菜刀切斷，再拔出附著在身體上的透明軟骨

MEMO
把美乃滋放進塑膠袋、將底部末端一角剪開一點，再（將美乃滋）擠出淋在上面，就會得到像上圖照片那樣細細的美乃滋條。

蝦子 ＋ 豆腐

道具	微波爐 平底鍋
時間	10 分鐘

鮮味蝦仁豆腐

材料（2 人份）
蝦子 ………………… 10 隻
木棉豆腐 · 1/2 塊（150g）
蒜泥 ………………………… 2cm
薑泥 ………………………… 2cm
胡椒鹽 …………………… 少許
豆瓣醬 …………………… 1/2 小匙
麻油 ……………………… 2 小匙
太白粉水（太白粉 1 小匙＋水 2 小匙）

● 事先準備的調味料
雞骨高湯粉 ……… 1 小匙
酒 …………………… .2 大匙
番茄醬 …………… 2 大匙
醬油 ……… 1 又 1/2 小匙
水 ………………… 50ml

豆腐去水的方法請參考 P.56A

作法

1 將蝦子的背部深深劃一刀，取出背上的蝦腸，灑上胡椒鹽。豆腐去水後切成 1.5cm 的丁狀。

2 平底鍋裡放入蒜泥、薑泥、豆瓣醬、麻油和蝦子，開中火拌炒。

3 待蝦子變色後再加入豆腐和●，輕輕攪拌鍋內的食材，轉以中弱火加熱 1 分 30 秒。最後再倒入太白粉水勾芡。

從蝦子的背部切開，會讓蝦子看起來更大，而且也比較容易裹上醬汁，這樣的處理方式，很適合用在炒蝦仁。

MEMO
灑上珠蔥讓料理的顏色更鮮豔，豆瓣醬以油炒過香氣和味道會更濃郁。如果不敢吃辣，不加豆瓣醬也 OK！

章魚 ＋ 番茄

🔪 道具	切、攪拌食材兩個步驟
🕐 時間	5 分鐘

常備菜

章魚番茄沙拉

材料（2 人份）
燙過的章魚 ………… 100g
番茄 ………………… 1 個

● 事先準備的調味料
山葵 …………………… 4cm
醬油 ………… 1 又 1/2 大匙
檸檬汁 ………… 1/2 小匙
麻油 …………………… 1 大匙
胡椒鹽 ……………… 少許

作法
1 章魚斜切成薄片，番茄切成 1cm 的丁狀。
2 將調味料放入大碗裡均勻攪拌，再放入作法 1 的食材拌勻即可。

MEMO
照片上是以蒔蘿來裝飾，也可用荷蘭芹末取代。番茄換成酪梨味道也很棒！

章魚 ＋ 日本魚板

🔪 道具	平底鍋
🕐 時間	10 分鐘

便當菜

白雪章魚燒

材料（2 人份）
燙過的章魚 ………… 80g
日本魚板 …………… 2 塊
沙拉油 ……………… 1 小匙
水 …………………… 2 小匙
醃料
太白粉 ……………… 1 大匙
酒 …………………… 1 小匙
胡椒鹽 ……………… 少許

作法
1 章魚切成 5mm 的丁狀。
2 日本魚板放入塑膠袋裡以手捏碎，再把醃料倒入塑膠袋中攪拌均勻。
3 平底鍋裡抹上一層沙拉油，將作法 2 的食材倒入鍋裡鋪平，以中弱火加熱。等到表面呈金黃色後翻面，從鍋緣加水蓋上鍋蓋悶燒 3 分鐘。

MEMO
淋上中濃的醬料和美乃滋，再灑上柴魚片和海苔粉，看起來很像是廣島燒，吃起來卻是章魚燒的口感。

鮭魚 馬鈴薯

道具	微波爐 平底鍋
時間	10 分鐘

常備菜　便當菜

脆炒馬鈴薯鮮鮭

材料（2 人份）
鮭魚片 ······················ 2 片
馬鈴薯 ··· 2 小個（200g）
胡椒鹽 ······················ 少許
低筋麵粉 ··················· 適量
奶油 ························· 1 大匙

● 事先準備的調味料
醬油 ························· 1 大匙
味醂 ························· 1 大匙

作法
1 馬鈴薯切成 3cm 大小，放進耐熱的大碗裡蓋上保鮮膜，以 600W 的微波爐加熱 3 分鐘。
2 鮭魚切成 3cm 大小，灑上胡椒鹽後沾上一層低筋麵粉。
3 平底鍋裡放入奶油、馬鈴薯和鮭魚，以中火加熱，等到馬鈴薯呈金黃色、鮭魚熟了之後，再加入●快速拌炒。

馬鈴薯下鍋之前先以微波爐加熱會更快熟，縮短烹調時間。

Memo
將食物裝盤以荷蘭芹點綴，盤子最好選用深藍色、綠色或是黑色等較深的顏色，為食物的視覺加分。

 鰤魚（青甘） 青蔥

道具	平底鍋
時間	15 分鐘

便當菜

洋風照燒鰤魚

材料（2 人份）
鰤魚片 ······················ 2 片
青蔥 ························· 1 根
蒜泥 ························· 2cm
奶油 ························· 2 小匙
鹽巴 ························· 少許
低筋麵粉 ··················· 適量

● 事先準備的調味料
酒 ··························· 1 大匙
醬油 ························· 1 大匙
味醂 ························· 1 大匙
砂糖 ························· 1 小匙

作法
1 青蔥切成 3cm 長，鰤魚灑上鹽巴靜置 5 分鐘，以廚房紙巾拭乾後再沾上一層低筋麵粉。
2 平底鍋裡放入蒜泥、奶油、鰤魚和青蔥，以中火加熱。等到魚肉呈金黃色後翻面蓋上鍋蓋，轉以中弱火悶燒 5 分鐘。
3 打開鍋蓋倒入●，直到醬汁明顯變少。

魚肉撒上鹽巴可以去除魚腥味，讓魚肉更有彈性。

Memo
這是帶點西式口味的洋風照燒鰤魚，有了蒜泥和奶油，就算不喜歡鰤魚味道的人，也不會排斥。

鯖魚 ＋ 牛蒡

🥄 道具	湯鍋
⏱ 時間	25 分鐘

常備菜

和風味噌煮鯖魚

材料（2 人份）
鯖魚片 ………………… 2 片
牛蒡 ……… 1/4 根（35g）

● 事先準備的調味料
薑泥 ………………… 5cm
酒 ………………… 2 大匙
味醂 ………………… 2 大匙
砂糖 ……… 1 又 1/2 大匙
味噌 ……… 1 又 1/2 大匙
醬油 ………………… 1/2 大匙
水 ………………… 100ml

作法
1 在鯖魚表面以刀子劃一個十字，淋上熱水，再以廚房紙巾拭乾。牛蒡以削皮刀削成薄片浸泡在水裡 3 分鐘後撈起、瀝乾。

2 將●倒入鍋內以中火加熱，等到調味料滾開後加入鯖魚煮 2 分鐘。去除鍋內的浮沫，蓋上鋁箔紙後轉小火煮 10 分鐘。

3 取出鋁箔紙，加入牛蒡，再煮 4 分鐘。

這麼做讓鯖魚更快煮熟且入味，同時還能防止魚皮皺縮。

魚片淋上熱開水能消除魚腥味。

MEMO
不易煮熟的牛蒡削成長薄片，有助於縮短烹飪時間。這道料理吃起來帶點甜味，如果不想要太甜的話，砂糖的份量可以減為 1 大匙。

鮭魚 ＋ 舞菇

🍳 道具	平底鍋
⏱ 時間	20 分鐘

常備菜

西式奶油烤鮭

材料（2 人份）
鮭魚片 ………………… 2 片
舞菇 ………………… 1 包
胡椒鹽 ………………… 少許
酒 ………………… 2 大匙
奶油 ………………… 1 大匙
水 ………………… 130ml

作法
1 鮭魚灑上胡椒鹽，舞菇撕成容易入口的大小。

2 準備兩張 30cm 長的鋁箔紙。鋁箔紙的中央放入 1/4 的舞菇再疊上鮭魚，然後再放上 1/4 的舞菇，灑上一半用量的酒和奶油後包起來。同樣的作法再做一次。

3 將作法2的食材放入平底鍋裡加水後蓋上鍋蓋，以小火悶燒 15 分鐘。

MEMO
連同鋁箔紙一起放在盤子上，最後灑點蔥花、淋上柑橘醋就可以開動了。

鮭魚 ＋ 紫蘇葉

🥄 道具	平底鍋
🕐 時間	10 分鐘

便當菜

快速上桌鮭魚春捲

材料（2 人份）
鮭魚片 ……………… 2 片
紫蘇葉 ……………… 4 片
春捲皮 ……………… 4 張
沙拉油 ……………… 適量
麵粉糊（低筋麵粉與水各 1
又 1/2 小匙）

作法
1 鮭魚去皮後切成兩半。
2 將春捲皮呈菱形狀放置，先放入
紫蘇葉後再疊上鮭魚。將靠近自己方
向的春捲皮如下圖所示往前方折，再
將左右兩側的春捲皮往內折，塗上麵
粉糊包起來。
3 平底鍋裡倒入 5mm 深的沙拉油後
開中火，將作法2的食材放入鍋內，
待兩面都呈金黃色後即可熄火。

煎春捲時，封口那面要先朝下，
這樣才會煎得漂亮。

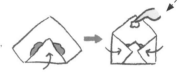

鰈魚 ＋ 番茄

🥄 道具	平底鍋
🕐 時間	10 分鐘

酸味茄汁鰈魚

材料（2 人份）
鰈魚片 ……………… 2 片
番茄 ……………… 1 大個
鹽巴 ……………… 1 小撮
胡椒鹽 ……………… 少許
低筋麵粉 ……………… 適量
橄欖油 ……………… 1 大匙

胡椒鹽要入味
鰈魚才會好吃

作法
1 番茄切成 1cm 大小的丁狀後放入
大碗裡加上鹽巴均勻攪拌。**鰈魚灑上
胡椒鹽、沾上一層低筋麵粉。**
2 平底鍋裡放入橄欖油和鰈魚以中
火加熱，等到鰈魚煎成金黃色後**翻面**
移到鍋子邊緣，將番茄放入鍋內蓋上
鍋蓋，轉以中弱火悶煮 5 分鐘。

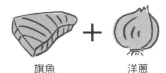

旗魚 ＋ 洋蔥

道具	平底鍋
時間	15 分鐘

便當菜

酥炸旗魚條佐洋蔥美乃滋

可以消除洋蔥的辛辣。

材料（2 人份）

旗魚片 …………………… 2 片
洋蔥 …………………… 1/6 個
美乃滋 ……… 1 又 1/2 大匙
醬油 …………………… 1/3 小匙
麵包粉 …………………… 適量
沙拉油 …………………… 適量

醃料

美乃滋 …………………… 1 大匙
白芝麻 …………………… 1 大匙
胡椒鹽 …………………… 少許

作法

1 洋蔥切碎放入冰水 10 分鐘後撈起、瀝乾，加入美乃滋和醬油做成醬料。

2 旗魚切成 2cm 寬的條狀，和醃料一起放入大碗裡均勻攪拌入味。將每條旗魚裹上麵包粉。

3 平底鍋裡倒入 5mm 深的沙拉油轉中火後放入作法 2 的食材，待兩面煎炸成金黃色即可。上桌時搭配作法 1 的沾醬。

這是使用少油、半煎炸的烹調方式。

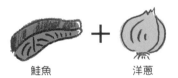

鮭魚 ＋ 洋蔥

道具	微波爐 平底鍋
時間	10 分鐘

常備菜　便當菜

糖醋鮭魚

材料（2 人份）

鮭魚片 …………………… 2 片
洋蔥 …………………… 1/2 個
胡椒鹽 …………………… 少許
太白粉 …………………… 適量
沙拉油 …………………… 2 大匙

● 事先準備的調味料

醋 …………………… 2 大匙
砂糖 …………………… 2 大匙
醬油 …………………… 1 大匙
酒 …………………… 1 大匙

作法

1 洋蔥切成薄片，和●一起放入耐熱的大碗裡以 600W 的微波爐加熱 1 分 30 秒。

2 鮭魚切成 3 等分，灑上胡椒鹽，裹上太白粉。

3 平底鍋內放入沙拉油和鮭魚開中火，等到鮭魚兩面都煎成金黃色後瀝去多餘油份，放入作法 1 的大碗裡靜置 5 分鐘。

可防止鮭魚的脂肪和鮮味外流，煎好的鮭魚肉也會格外軟嫩。

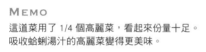 

蛤蜊 ＋ 高麗菜

🥄 道具	平底鍋
🕐 時間	10 分鐘（不含吐砂的時間）

酒蒸蛤蜊

材料（2 人份）
蛤蜊 250g
高麗菜 ⋯ 1/4 個（250g）
蒜泥 3cm
紅辣椒（切成末）⋯ 1 根
奶油 .... 2 小匙
酒 .... 1 大匙
胡椒鹽 .... 少許

作法　　→ 請參照 P.55
1 蛤蜊吐砂後瀝乾水分，高麗菜切成 4cm 大小。
2 平底鍋裡放入蒜泥、紅辣椒、奶油和蛤蜊，開中火拌炒。蛤蜊開了之後加入高麗菜稍微拌炒，淋上酒、蓋上鍋蓋悶煮 4 分鐘。
3 打開鍋蓋稍微拌炒鍋內食物，灑上胡椒鹽調味。

高麗菜芯的部分比較硬，切小塊一點較容易煮熟。

MEMO
這道菜用了 1/4 個高麗菜，看起來份量十足。吸收蛤蜊湯汁的高麗菜變得更美味。

 ＋

扇貝　　　　馬鈴薯

🥄 道具	平底鍋
🕐 時間	10 分鐘

便當菜

香煎扇貝

材料（2 人份）
扇貝 .... 7 個
馬鈴薯 ⋯ 1 個（150g）
奶油 .... 1 大匙
醬油 .... 1 小匙

作法
1 將扇貝如下圖所示切成兩半，馬鈴薯切成 5mm 的輪狀。
2 平底鍋裡放入奶油和馬鈴薯後開中火，將兩面煎成金黃色。
3 加入扇貝快炒，最後再淋上醬油繼續翻炒一下即可。

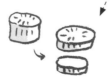

MEMO
將食物放入盤中，灑上起司粉和粗粒黑胡椒，就可享用了！這是一道風味獨具的家常菜。

牡蠣 ＋ 波菜

🍳 道具	平底鍋
⏱ 時間	10 分鐘

奶油牡蠣炒波菜

材料（2 人份）

牡蠣 ……… 10 顆（150g）
波菜 ……… 1 袋（200g）
奶油 …………………… 1 大匙
柑橘醋 …………………… 1 大匙
胡椒鹽 ………………… 少許

作法

1 牡蠣以鹽水洗淨，再以廚房紙巾拭乾，波菜切成 5cm 長。

2 在平底鍋裡放入奶油和牡蠣開中火拌炒。等到牡蠣熟了之後加入波菜，快速翻炒。

3 起鍋前加上柑橘醋和胡椒鹽調味。

鹽水的鹹度大約是海水的程度即可，用來洗淨牡蠣去除腥味。大約要洗個 2~3 次牡蠣才會乾淨。

╲ **MEMO** ╱
吸收牡蠣湯汁的波菜讓人一口就難忘！還可以調味重一點拌入義大利麵也很好吃。

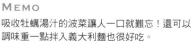

蛤蜊 ＋ 綜合三色蔬菜

🍳 道具	平底鍋
⏱ 時間	10 分鐘 （不含吐砂的時間）

法式蛤蜊奶油濃湯

材料（2 人份）

蛤蜊 ………………………… 200g
冷凍三綜合三色蔬菜 100g
奶油 …………………… 1 小匙
法式清湯粉 ……… 1/2 小匙
牛奶 ………………… 140ml
水 …………………… 140ml

作法

1 蛤蜊吐砂後撈起瀝乾。

2 平底鍋裡放入冷凍的綜合三色蔬菜開中火翻炒，直到綜合三色蔬菜熱了為止。

3 將蛤蜊、法式清湯粉、牛奶和水倒入鍋內，輕輕的攪拌。等到蛤蜊開口後轉為小火再煮 2 分鐘。

把蛤蜊放入裝有鹽水的容器裡，蓋上報紙靜置 2 ～ 3 小時吐砂。如果時間不夠的話，可以將蛤蜊放入 50 度的熱水裡靜置 15 分鐘吐砂。

╲ **MEMO** ╱
這道菜完全用不到砧板和菜刀，作法相當簡單。無須過多的調味，蛤蜊本身的鮮甜就很美味。

豆腐
TOFU

便宜又健康的豆腐、油豆腐，向來是部落格裡的超人氣食譜。
為大家介紹幾道利用豆腐製作，沒有肉也能令人大滿足且超級下飯的家常菜。

豆腐去除水份的兩種方法

根據食譜的不同，有 **A** 一般去除水份和 **B** 徹底去除水分 2 種方法：

A 一般去除水分
將豆腐以廚房紙巾包覆，放在耐熱的餐盤上以 600W 的微波爐加熱 3 分鐘，待豆腐變涼即可。

B 徹底去除水分
作法 A 之後，將豆腐放入盤子裡上方再壓重物靜置 10 分鐘。

道具	微波爐 平底鍋
時間	20 分鐘

常備菜　便當菜

豆腐　＋　綜合三色蔬菜

黃金豆腐起司煎餅

材料（容易製作的份量）

木棉豆腐	1 個（300g）
冷凍綜合三色蔬菜	70g
沙拉油	適量
醃料	
雞蛋	1 個
太白粉	3 大匙
起司粉	1 又 1/2 小匙
法式清湯粉	1 又 1/2 小匙

作法

1️⃣ 豆腐徹底去除水分（參照 P.56**B**）。綜合三色蔬菜放入大碗裡，淋上熱水解凍後瀝乾。

2️⃣ 將豆腐放入大碗裡壓碎，加上綜合三色蔬菜和醃料均勻攪拌後均分成 8 等分，捏成橢圓形。

3️⃣ 平底鍋裡倒入 5mm 深的沙拉油開中火，放入作法2️⃣的食材，將兩面都煎炸成金黃色即可。

MEMO
酥脆的豆腐餅整齊的排列在長方形的器皿上，將番茄醬裝在小缽裡，放上一小朵荷蘭芹，整體的顏色看起來更美麗。

捏丸子時，手上最好沾點水比較不容易沾黏。

豆腐　＋　魩仔魚

🥄 道具	微波爐 平底鍋
🕐 時間	15 分鐘

香酥豆腐排

材料（2 人份）

木棉豆腐 ···· 1 個（300g）
魩仔魚 ·························· 40g
胡椒鹽 ······················· 少許
低筋麵粉 ···················· 適量
紅辣椒（切碎）····· 1/2 根
沙拉油 ··················· 2 小匙
麻油 ··················· 1/2 大匙

● 事先準備的調味料
醬油 ······················· 1 大匙
醋 ·························· 2 小匙

作法

1️⃣ 將豆腐一般去水（參照 P.56**A**），橫向切半灑上胡椒鹽後，沾上一層低筋麵粉。

2️⃣ 將沙拉油和豆腐放入平底鍋裡，開中火加熱，待豆腐的兩面呈金黃色時，盛裝在器皿上。

3️⃣ 空的平底鍋裡加入麻油、紅辣椒和魩仔魚後開始翻炒，直到魩仔魚變得酥脆，最後再倒入●，稍微翻炒一下後直接蓋在豆腐上。

> **MEMO**
> 味道平淡的豆腐和魩仔魚的鮮甜非常搭。軟嫩的豆腐配上酥脆的魩仔魚，形成奇特的口感。上桌前灑上一點蔥花讓整道料理更鮮豔。

油豆腐　＋　高麗菜

🥄 道具	平底鍋
🕐 時間	10 分鐘

便當菜

高麗菜清炒油豆腐

材料（2 人份）

油豆腐 ······ 1 塊（250g）
高麗菜 ···· 1/5 個（200g）
胡椒鹽 ······················ 少許
低筋面粉 ··················· 適量
麻油 ····················· 2 小匙

● 事先準備的調味料
蒜泥 ························· 2cm
味噌 ········· 1 又 1/2 大匙
味醂 ······················· 1 大匙
酒 ·························· 1 大匙
砂糖 ····················· 1/3 小匙

作法

1️⃣ 油豆腐如下圖所示，縱向切半，橫向再切 6 等分後，灑上胡椒鹽沾上一層低筋麵粉。高麗菜切成 4cm 大小。

2️⃣ 平底鍋裡放入麻油和油豆腐後開中火，等到油豆腐的兩面成金黃色後加入高麗菜、蓋上鍋蓋，轉為中弱火悶煮 3 分鐘。

3️⃣ 打開鍋蓋，稍微翻炒鍋內食物，等到高麗菜變軟後加入●調味。

> **MEMO**
> 上桌前灑上一點辣椒粉，味道更棒！這是一道雖然沒有肉卻超級下飯的家常菜。任何種類的油豆腐都可以這麼做。

 +

油豆腐　　　豬絞肉

🥄 道具	平底鍋
🕐 時間	8 分鐘

常備菜　便當菜

麻婆油豆腐

材料（2 人份）
油豆腐 ……… 1 塊（250g）
豬絞肉 ………………… 100g
薑泥 …………………… 2cm
燒肉醬（中辣）… 4 大匙
麻油 ……………… 2 小匙
太白粉水（太白粉 1 小匙＋
水 2 大匙）

作法
1 將油豆腐如下圖所示切半，然後再切成 1cm 寬的條狀。
2 平底鍋裡放入麻油、薑泥和絞肉，開中火拌炒，等到肉的顏色變了之後再加入油豆腐繼續拌炒。
3 油豆腐變熱後加入烤肉醬轉小火炒 1 分鐘，最後再淋上太白粉水勾芡。

太白粉水要攪拌均勻之後再倒入。

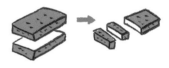

MEMO
這是市售的烤肉醬就能解決的超簡單食譜。如果愛吃辣的人，可以淋上些許的辣油，超級美味！

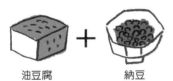 + 🍲

油豆腐　　　納豆

🥄 道具	湯鍋 烤箱
🕐 時間	12 分鐘

納豆起司油豆腐

材料（2 人份）
油豆腐 ……… 1 塊（250g）
納豆 …………………… 1 盒
味噌 ……………… 2 小匙
味醂 ……………… 1 小匙
披薩用的起司 ………… 30g

作法
1 油豆腐淋上熱水去油，橫向切半。
2 將味噌和味醂倒入納豆裡均勻攪拌。在作法1的油豆腐上灑上披薩用的起司，放入 1000W 的烤箱中，直到起司呈金黃色為止。

以熱水淋在油豆腐上，不但能去除油耗味，還能抑制卡路里的攝取。

MEMO
顏色稍嫌單調的料理，灑上蔥花後，立刻變得美麗。如果再使用圓點圖案的餐具，就更可愛了。

豆腐 ＋ 羊栖菜

道具	微波爐 平底鍋
時間	20 分鐘

常備菜　便當菜

糖醋豆腐丸子

材料（2 人份）
木棉豆腐 …… 1 塊（300g）
羊栖菜（乾燥）……… 14g
沙拉油 ………………… 適量
醃料
雞蛋 …………………… 1 個
太白粉 ……… 3 ～ 4 大匙
雞骨高湯粉 …… 1/2 小匙
醬油 ………………… 1/2 小匙

● 事先準備的調味料
砂糖 ………… 1 又 1/2 大匙
醬油 ………… 1 又 1/2 大匙
味醂 ………… 1 又 1/2 大匙
番加醬 ……… 1 又 1/2 大匙
醋 …………… 1 又 1/2 大匙
太白粉 …………… 1 小匙

作法
1 將豆腐徹底去除水分（參照 P.56B）後放入大碗裡以手壓碎，再放入羊栖菜和醃料均勻攪拌。
2 平底鍋裡倒入 5mm 深的沙拉油後開中火，將作法1的食材捏成 3cm 大的丸子放入鍋裡。一邊滾動丸子一邊煎炸，等到丸子的表面呈金黃色後撈起瀝油盛裝在器皿裡。
3 製作酸甜醬汁。將●放入平底鍋開中火加熱，不斷的攪拌鍋內的醬汁直到醬汁變得濃稠為止，再淋在作法2的食材上。

由於食材比較軟，很難以手捏成圓形，這時可以使用兩根湯匙，讓丸子直接掉進油鍋裡。

油豆腐 ＋ 小松菜

道具	湯鍋
時間	5 分鐘

常備菜　便當菜

涼拌豆腐小松菜

材料（2 人份）
油豆腐 … 1/2 個（130g）
小松菜 ………………… 2 株
白高湯 …………… 2 小匙
麻油 ……………… 1/2 小匙

作法
1 滾開的熱水中加入鹽巴，小松菜放入鍋內稍微燙一下，接著放入冷水中冷卻，以手擰乾小松菜去除水分後，切成 3cm 的長度。
2 利用同一鍋熱水，快速的汆燙油豆腐，去除多餘的油脂。等到油豆腐變涼後，如下圖所示縱向切半，橫向再切成 5mm 寬的塊狀。
3 大碗裡放入白高湯和麻油拌勻，再放入小松菜和油豆腐稍微攪拌即可。

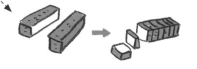

 +

豆腐 　　　豬肉

道具	平底鍋
時間	15 分鐘

常備菜

和風豬肉豆腐燒

材料（2 人份）
木棉豆腐 ···· 1 塊（300g）
豬薄片 ························ 150g
沙拉油 ······················ 2 小匙

● 事先準備的調味料
和風高湯粉 ········ 1/2 小匙
醬油 ························ 2 大匙
酒 ················· 1 又 1/2 大匙
味醂 ············· 1 又 1/2 大匙
砂糖 ··········· 2 又 1/2 小匙
水 ························· 140ml

作法
1 平底鍋裡放入沙拉油和豬肉，開中火拌炒，待豬肉變色後加入●，煮沸醬汁。
2 將豆腐切成 6 等分後放入鍋內蓋上鍋蓋，轉中弱火煮 5 分鐘。
3 打開鍋蓋，將醬汁往豆腐上淋，再煮 3 分鐘。

豬肉最好使用火鍋用的豬肉片，因為豬肉片煮久也不會變硬。

MEMO
將珠蔥斜切成 3cm 長放在豆腐上裝飾，為單調的食物加點色彩。

 +

豆腐 　　　牛豬混合絞肉

道具	平底鍋
時間	15 分鐘

常備菜　便當菜

清爽豆腐丸

材料（2 人份）
木棉豆腐 · 1/3 個（100g）
牛豬混合絞肉 ·········· 200g
醬油 ·························· 1 小匙
胡椒鹽 ······················ 少許
太白粉 ···················· 1/2 大匙
沙拉油 ························ 適量

作法
1 將沙拉油以外的材料全都放入大碗裡，均勻攪拌後做成 3cm 大的丸子。
2 平底鍋裡倒入 5mm 深的沙拉油開中火，放入作法1的食材。一邊滾動丸子一邊煎炸，直到丸子的表面呈金黃色。

這是使用少油、半煎炸的烹調方式。

這道料理的豆腐不需要去除水分。

MEMO
盤子邊可以添加一點咖哩鹽（咖哩粉＋鹽巴），或是柑橘醋白蘿蔔泥（白蘿蔔泥＋柑橘醋）或是酸甜醬（請參照 P.59 上方的作法 3）吃法很多樣。

32 道

一碗就滿足的

蓋飯和麵

&

不用開火就能做出的

下酒菜和湯品

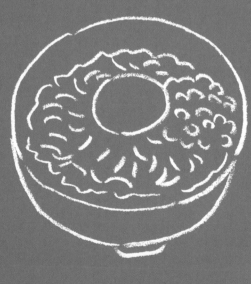

蓋飯

蓋飯也能 2 種食材就搞定
就以蓋飯來替忙碌的日子填飽肚子！

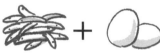

鮂仔魚　＋　雞蛋

道具	攪拌即可
時間	5 分鐘

豬五花燒肉片　＋　青蔥

道具	平底鍋
時間	5 分鐘

芝麻鮂仔魚蓋飯

材料（2 人份）
鮂仔魚 ……………… 100g
蛋黃 ………………… 2 個
白飯 ………………… 2 碗
麻油 ………………… 1 小匙
鹽巴 ………………… 2 小撮
白芝麻 ……………… 適量

作法
1 將鮂仔魚、麻油、鹽巴放入大碗裡攪拌。
2 將白飯盛入碗裡，淋上作法1的調味料和蛋黃，最後灑上白芝麻。

青蔥鹽味豬肉蓋飯

材料（2 人份）
燒肉用豬五花片 ……… 200g
青蔥 ………………… 1/2 根
白飯 ………………… 2 碗

● 事先準備的調味料
雞骨高湯粉 · 1 又 1/2 小匙
酒 …………………… 2 大匙
太白粉 …………… 1/2 小匙
麻油 ……………… 1/2 小匙
水 ………………… 50ml

作法
1 將青蔥切碎。
2 平底鍋不加油，直接放入豬肉、開中火，當兩面呈金黃色後，加入青蔥及●，快速拌炒。
3 將白飯盛入碗裡，再放上作法2的食材。

MEMO
只要將食材混在一起就可以，忙碌的時候最適合！麻油的香氣提高了飽足感。搭配一些切碎的紫蘇葉，就能成為色香味俱全的料理。

MEMO
將雞骨高湯粉當作鹽巴調味，塑造出道道地地的青蔥鹽味。用豬肉片也很好吃！

 + 🥑

🍳 道具	微波爐
🕐 時間	10 分鐘

鮪魚　　　　酪梨

 + 🍆

🍳 道具	平底鍋
🕐 時間	10 分鐘

牛豬混和絞肉　　　茄子

鮪魚酪梨蓋飯

材料（2 人份）
鮪魚（生魚片）…… 140g
酪梨 ……………… 1 個
白飯 ……………… 2 碗
麻油 …………… 1/2 小匙
醬料
蒜泥 ……………… 3cm
醬油 ……… 2 又 1/2 大匙
酒 …………… 1/2 大匙
味醂 ………… 1/2 大匙

作法
1 將醬料的所有材料放入耐熱的大碗裡，攪拌後放入 600W 的微波爐加熱 50 秒，放涼。鮪魚切成 1.5cm 大小的丁狀，和麻油一起放入大碗裡攪拌，醃漬 3 分鐘。

2 酪梨切半去除皮和籽，切成 1.5cm 的丁狀，放入作法 1 的大碗裡。

3 把白飯盛入碗裡，放上鮪魚和酪梨，再淋上適量的醬汁即可。

〈 MEMO 〉
因為加入了蒜泥所以帶點辣味，非常下飯。這道蓋飯非常適合在夏天或是想要吃點清爽的食物時享用。

肉醬茄子蓋飯

材料（2 人份）
牛豬混合絞肉 ……… 100g
茄子 ……………… 2 根
白飯 ……………… 2 碗
蒜泥 ……………… 2cm
橄欖油 …………… 1 小匙

● 事先準備的調味料
法式清湯粉 …… 1/2 小匙
番茄醬 …………… 2 大匙
蠔油 ……………… 1 大匙
胡椒鹽 …………… 少許

作法
1 以滾刀將茄子切成 2cm 大小，放入鹽水 3 分鐘後瀝乾。

2 平底鍋裡放入沙拉油、蒜泥、絞肉開中火拌炒。等到絞肉的顏色變了之後放入茄子繼續拌炒。等茄子變軟後加入●。

3 將白飯盛入碗裡，再把作法2的食材淋在飯上。

〈 MEMO 〉
義大利麵最受歡迎的波隆那肉醬也很下飯。利用平底鍋就能簡單做出來，灑點荷蘭芹點綴，色彩更鮮豔。

炒麵

介紹幾道和平日常見的醬料不同，好吃又簡單的炒麵。
因為用料豐富，只要一盤就能吃得超滿足！

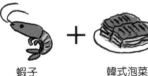 蝦子 ＋ 韓式泡菜

🥄 道具	微波爐 平底鍋
🕐 時間	5 分鐘

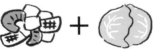 綜合海鮮 ＋ 高麗菜

🥄 道具	微波爐 平底鍋
🕐 時間	8 分鐘

韓式蝦仁炒麵

材料（2 人份）
蝦仁 .... 8 大尾
韓式泡菜 100g
炒麵 .... 2 袋
薑泥 4cm
麻油 .... 2 小匙
酒 .... 1 又 1/2 大匙
日式伍斯特醬 1 又 1/2 大匙
胡椒鹽 .... 少許

作法
1 將蝦子背部切開取出蝦腸，炒麵以微波爐加熱。
2 平底鍋裡放入麻油、薑泥和蝦仁，開中火拌炒。等到蝦子變色後加入韓式泡菜稍微拌炒後加入炒麵和酒，把麵條弄散。
3 最後加入日式伍斯特醬、胡椒鹽拌炒、調味。

海鮮炒麵

材料（2 人份）
冷凍綜合海鮮 170g
高麗菜 2 片大葉（100g）
炒麵 .... 2 袋
奶油 .... 1 又 1/2 大匙

● 事先準備的調味料
蒜泥 2cm
雞骨高湯粉 .... 2 小匙
酒 .... 3 大匙
味醂 .... 1 小匙
醬油 .... 1 小匙
胡椒鹽 .... 少許

作法
1 高麗菜切成 4cm 大小。炒麵放入微波爐裡加熱。
2 平底鍋裡放入奶油和冷凍的綜合海鮮開中火加熱，等到海鮮變色後加入高麗菜拌炒。
3 高麗菜變軟後加入麵條炒散，再倒入●直到醬汁收乾為止。

MEMO
加入韓式泡菜的辣味炒麵，是一道超美味的下酒菜。蝦仁也可用冷凍綜合海鮮取代。

MEMO
這道炒麵充滿濃濃的奶油和海鮮的香氣。上桌前還可以再放點奶油在麵上。

炒麵（2 袋）的事先準備
將炒麵的袋子開個洞，以 600W 的微波爐加熱 2 分鐘，
下鍋翻炒時，麵條很容易就散開了。

豬五花肉　　　　　彩椒

⊿ 道具	微波爐 平底鍋
🕐 時間	5 分鐘

豬肉彩椒炒麵

材料（2 人份）
豬五花薄片 ············ 120g
彩椒（紅色）··········· 1 個
炒麵 ···················· 2 袋
蒜泥 ···················· 2cm
薑泥 ···················· 2cm
麻油 ················· 1 大匙
酒 ············· 1 又 1/2 大匙

● 事先準備的調味料
和風高湯粉 · 1 又 1/2 小匙
醬油 ···················· 2 小匙
胡椒鹽 ················· 少許

作法
1 豬肉切成 5cm 長，彩椒縱向切成細條。炒麵事先以微波爐加熱。
2 平底鍋裡放入蒜泥、薑泥、麻油和豬肉以中火加熱。等到肉變色後再加入彩椒快炒。
3 加入炒麵和酒，把麵條弄散。等到麵條變熱後再倒入●調味。

豬絞肉　　　　　珠蔥

⊿ 道具	微波爐 平底鍋
🕐 時間	5 分鐘

香蔥豬肉炒麵

材料（2 人份）
豬絞肉 ·················· 120g
珠蔥 ···················· 10 根
炒麵 ···················· 2 袋
沙拉油 ················· 1 小匙
奶油 ···················· 1 小匙

● 事先準備的調味料
蠔油 ···················· 1 大匙
酒 ······················· 1 大匙
醬油 ···················· 2 小匙
味醂 ···················· 2 小匙

作法
1 將珠蔥切成 5cm 長，炒麵事先以微波爐加熱。
2 平底鍋裡倒入沙拉油和豬絞肉轉中火拌炒。等到絞肉變色後加入珠蔥稍微翻炒一下。
3 放入炒麵將麵條弄散，倒入●，等到麵條入味後熄火。起鍋前加上奶油，以餘溫讓奶油融解。

MEMO
這是一道充滿濃郁醬油香氣的日式炒麵。如果沒有彩椒可用青椒取代。如果是青椒的話份量要四個。

MEMO
最後加上奶油會讓炒麵更具風味。愛吃辣的人也可以加些辣油喔！

義大利麵

只要一個平底鍋就能搞定的義大利麵，
記住料理步驟，忙碌的時候就可派上用場。
攪拌、拌炒即可完成的義大利麵非常簡單，超級推薦！

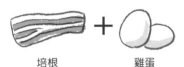

培根 ＋ 雞蛋

🥄 道具	平底鍋
🕐 時間	10 分鐘

花枝 ＋ 明太子

🥄 道具	湯鍋
🕐 時間	15 分鐘

培根蛋黃義麵

材料（2 人份）
厚片培根 ················ 100g
蛋黃 ··················· 2 個
義大利麵（煮麵時間 5 分
鐘） ················· 160g
起司粉 ················· 2 大匙

● 事先準備的調味料
牛奶 ·················· 200ml
法式清湯粉 ·1 又 1/2 小匙
切片起司 ··· 1 片（撕碎）
水 ··················· 450ml

作法
1 將培根切成 5mm 的丁狀
和 3cm 的長條狀。將蛋黃打
散。
2 平底鍋裡放入培根和●開
中火，等到滾開之後，以手
將義大利麵折成兩段放入鍋
裡，轉以中弱火一邊攪拌煮
5 分鐘。
3 熄火、撒上起司粉攪拌，
最後再倒入蛋黃動作快速地
攪拌即可。

花枝明太子涼麵

材料（2 人份）
花枝（生魚片用） ··· 100g
明太子 ········ 1 對（60g）
義大利麵 ················ 160g

● 事先準備的調味料
美乃滋 ················· 2 大匙
麵之友（2 倍濃縮） 1 大匙
橄欖油 ················· 1 大匙
胡椒鹽 ················· 少許

作法
1 鍋裡燒一鍋水，待水滾加
入鹽巴，依照義大利麵包裝
袋外的標示時間煮麵，麵熟
後放入流動的冷水裡冷卻後
撈起、瀝乾。
2 趁著煮麵的空檔將明太
子從薄膜裡取出，放入大碗
裡，和●一起攪拌，再放入
花枝生魚片。
3 將作法1的食材放入作法
2裡攪拌均勻。

MEMO
這個作法不用使用鮮奶油，因此非常健
康！可隨個人喜愛灑點粗粒黑胡椒粉提
味。

MEMO
只要將醬汁攪拌均勻即可，超級簡單的
義大利麵！上桌前可以在麵上放點綠芽
增加色彩，看起來更美味。

 +

鮪魚罐頭　　　　鴻喜菇

🥄 道具	湯鍋 平底鍋
🕐 時間	15 分鐘

和風義大利麵

材料（2 人份）
鮪魚罐頭 ····· 1 個（70g）
鴻喜菇 ······················ 1 包
義大利麵 ················· 160g
沙拉油 ·················· 2 小匙
麵之友（2 倍濃縮） 2 大匙
胡椒鹽 ···················· 少許
奶油 ··········· 1 又 1/2 大匙

作法
1️⃣ 打開鮪魚罐頭稍微去除罐頭裡的湯汁，將鴻喜菇分成一小撮。鍋裡煮一鍋熱水，等到水滾開後加入鹽巴，依照義大利麵包裝袋外的標示時間減少一分鐘煮麵，取 3 大匙煮麵的熱水備用，將義大利麵撈起、瀝乾。
2️⃣ 平底鍋裡倒入沙拉油和鮪魚罐頭、鴻喜菇，開中火翻炒。等到鴻喜菇變軟後加入義大利麵、煮麵水、麵之友和胡椒鹽，快速拌炒後熄火。
3️⃣ 起鍋前放入奶油，以餘溫使奶油融化。

> **MEMO**
> 利用麵之友來調味，絕對不會失敗！將義大利麵放入盤子裡撒上蔥花，提高香氣。

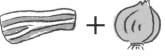 + 🧅

培根　　　　　　洋蔥

🥄 道具	平底鍋
🕐 時間	15 分鐘

培根番茄筆管麵

材料（2 人份）
培根 ························· 2 片
洋蔥 ····················· 1/4 個
筆管麵（煮麵時間 9 分鐘）
························· 150g
蒜泥 ······················· 3cm
橄欖油 ·················· 1 大匙
披薩用起司 ············· 50g

● 事先準備的調味料
番茄罐頭 · 1/2 個（200g）
法式清湯粉 ········· 1 小匙
水 ······················ 260ml

> **MEMO**
> 只要一個平底鍋就能完成，超級簡單！筆管麵放入鍋內後，三不五時請攪拌一下。盛盤後，可灑上荷蘭芹末點綴。

作法
1️⃣ 培根切成 1cm 寬，洋蔥切碎。
2️⃣ 平底鍋裡放入蒜泥、橄欖油和作法1️⃣的食材開中火拌炒，等到洋蔥變軟後加入●加以攪拌。
3️⃣ 等到鍋內食物滾了，加入筆管麵稍微拌炒後蓋上鍋蓋，中途需要打開鍋蓋攪拌幾次，依照包裝袋外的標示時間以小火煮麵。熄火打開鍋蓋，加入披薩用的起司攪拌一下，利用餘溫讓起司融化。

烏龍麵

以下的食譜使用一般的烏龍麵，
如果是冷凍烏龍麵的話請依照包裝袋外指示解凍。

 +

道具	湯鍋
時間	10 分鐘

牛肉片　　　　　青蔥

 +

道具	湯鍋
時間	10 分鐘

火鍋用肉片　　　萵苣

牛肉烏龍湯麵

材料（2 人份）
牛肉片 ················· 200g
青蔥 ······················ 1 根
烏龍麵 ··················· 2 包
白高湯 ······· 4 又 1/2 大匙
酒 ························· 2 大匙
味醂 ······················ 2 大匙
水 ························· 400ml

作法
1 煮一大鍋水，等水滾後放入烏龍麵，等麵熟後撈起、瀝乾。青蔥切成蔥花。

2 鍋裡加入水、白高湯、酒和味醂後開中火，湯汁滾了之後放入牛肉，等再次滾開後轉小火煮 4 分鐘，去除鍋內的浮沫。加入蔥花稍微攪拌後即可熄火。

3 將烏龍麵盛入器皿裡，倒入作法2的食材。

> MEMO
> 如果家裡有牛五花肉片，非常推薦這道料理！薄切的肉片吃起來非常柔軟爽口。

豬肉烏龍涼麵

材料（2 人份）
火鍋用豬里肌肉片 ··· 130g
萵苣 ······················ 5 片
烏龍麵 ··················· 2 包

● 事先準備的調味料
白芝麻 ········· 2 又 1/2 大匙
味噌 ······················ 1 大匙
醋 ························· 1 大匙
美乃滋 ··················· 1 大匙
醬油 ······················ 1 大匙
麵之友（2 倍濃縮） 1 大匙
砂糖 ······················ 1 大匙
麻油 ······················ 1 大匙
水 ························· 2 大匙
辣油 ······················ 5 滴

作法
1 鍋裡煮一鍋水煮烏龍麵，麵熟後以流動的冷水冷卻後撈起、瀝乾。萵苣切成較粗的條狀。將●攪拌均勻做成芝麻沾醬。

2 在滾燙的熱水裡加入少許酒，用來汆燙豬肉，肉片熟後撈起放涼。

3 將烏龍麵盛入器皿裡，再放入豬肉和萵苣，最後淋上芝麻沾醬。

> MEMO
> 汆燙豬肉的熱水裡加入少許的酒，會讓豬肉更柔軟。肉熟了之後撈起放涼即可。

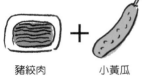

豬絞肉 ＋ 小黃瓜

🥄 道具	湯鍋 平底鍋
🕐 時間	10 分鐘

炸醬烏龍麵

材料（2 人份）

豬絞肉 180g
黃瓜 .... 1 根
烏龍麵 .... 2 包
蒜泥 2cm
薑泥 2cm
麻油 .... 2 小匙
豆瓣醬 .... 1/2 小匙
太白粉水（太白粉 1 小匙＋水 2 小匙）

● 事先準備的調味料

酒 .... 2 小匙
味醂 .... 2 小匙
味噌 .... 2 小匙
醬油 .... 2 小匙
麵之友（2 倍濃縮） 2 小匙
水 .... 2 小匙

作法

1 湯鍋裡燒水，待水滾開後放入烏龍麵，麵熟了後放入流水中冷卻、瀝乾，撒 1 小匙的麻油。小黃瓜斜切之後切成絲。

2 平底鍋裡放入蒜泥、薑泥、1 小匙麻油、豆瓣醬、絞肉，開中火拌炒。等到豬肉變色之後加入●煮 1 分鐘，最後倒入太白粉水勾芡。

3 將烏龍麵盛入器皿裡，放入作法 2 的食材和小黃瓜。

> **MEMO**
> 吃的時候，可隨個人喜好加點醋和辣油，味道更棒！

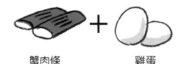

蟹肉條 ＋ 雞蛋

🥄 道具	湯鍋
🕐 時間	10 分鐘

蟹肉雞蛋烏龍麵

材料（2 人份）

蟹肉條 .... 6 根
雞蛋 .... 2 個
烏龍麵 .... 2 包
和風高湯粉 .... 1 小匙
醬油 .... 2 大匙
味醂 .... 1 大匙
酒 .... 1 大匙
水 600ml
太白粉水（太白粉與水各 2 又 1/2 大匙）

作法

1 煮一鍋熱水，等水煮沸後放入烏龍麵，麵熟之後撈起、瀝乾，放入器皿裡。將蟹肉風味的魚板撕成適當的大小，雞蛋打散。

2 鍋裡倒入水、和風高湯粉、味醂、酒和醬油，開中火加熱。等到醬汁滾了之後放入蟹肉條煮 30 秒。加入太白粉水攪拌、勾芡。

3 轉成大火，滾開後倒入蛋液，以筷子攪拌，等到蛋液變軟嫩後淋在烏龍麵上。

> **MEMO**
> 這是一道口感柔軟、味道超棒的蓋麵。高湯勾芡後再加入蛋液，蛋入口即化非常綿密。

只要切和攪拌
即可的下酒菜

無須開火，輕輕鬆鬆就能搞定的下酒菜。
是炎熱的夏天和繁忙時的好幫手。

時間 │ 15 分鐘

常備菜
便當菜

高麗菜　　　蟹肉條

涼拌蟹肉高麗菜

材料（容易製作的份量）和作法

1 將 1/5 個高麗菜（200g）切成 2cm 的大小，撒上 1/2 小匙的鹽巴，以手搓揉後靜置 10 分鐘，然後以流動的清水沖洗、瀝乾。6 根蟹肉風味的魚板撕成適當的大小。

2 在大碗裡放入 2 大匙的醋、砂糖和醬油各 1 大匙、1 小匙的麻油攪拌，再將作法1的食材放入大碗裡拌勻即可。

時間 │ 15 分鐘

番茄　　　　洋蔥

涼拌番茄

材料（2 人份）和作法

1 1/8 個洋蔥切碎，放入冰水裡 10 分鐘後瀝乾。大碗裡放入 1 大匙柑橘醋、1/2 小匙砂糖、3 滴辣油攪拌。

2 將 1 個番茄切成 10 等分後放入器皿裡，淋上作法1的食材。

時間 │ 5 分鐘

鮪魚罐頭　　豆苗

鮪魚拌豆苗

材料（2 人份）和作法

1 1 個鮪魚罐頭（70g），稍微去除罐頭裡的湯汁後放入大碗裡，加入 1 又 1/2 大匙的美乃滋、1 又 1/2 小匙的柑橘醋和少許的胡椒鹽攪拌。

2 2/3 袋的豆苗去除根部後，切成 2cm 長，加入作法1攪拌調味。

豆腐 ＋ 榨菜

⏱ 時間 | 15 分鐘

涼拌榨菜豆腐

材料（2 人份）和作法

1 2/3 塊木棉豆腐，徹底去除水份（參照 P.56**B**）。
30g 的榨菜切塊。

2 將 1/2 大匙的柑橘醋、1/2 小匙麻油、6 滴辣油放入大碗裡攪拌，再加入榨菜和捏碎成塊狀的豆腐一起攪拌調味。可隨個人喜好撒上黑芝麻。

小黃瓜 ＋ 章魚

⏱ 時間 | 10 分鐘

常備菜

涼拌章魚小黃瓜

材料（2 人份）和作法

1 將 1 根小黃瓜撒上鹽巴，放在沾板上滾動後以清水沖洗、拭乾。以桿麵棒輕拍小黃瓜，讓小黃瓜出現裂縫，再直接以手扳斷。將 100g 的章魚切成適口的大小。

2 將 1/2 小匙的雞骨高湯粉、1cm 蒜泥和 2 小匙的麻油和白芝麻放入大碗裡攪拌後，再加入作法1 的食材。

紅蘿蔔 ＋ 核桃

⏱ 時間 | 15 分鐘

常備菜
便當菜

醃漬紅蘿蔔

材料（2 人份）和作法

1 將 1 根紅蘿蔔以削皮刀削成薄片，放入水裡浸泡 5 分鐘後撈起、瀝乾。

2 大碗裡放入蜂蜜、芥末粒和橄欖油各 1 又 1/2 小匙、1 大匙醋和少許的胡椒鹽攪拌，再放入紅蘿蔔和敲碎的核桃 30g 拌勻，靜置 5 分鐘以上讓食物入味。

以微波爐就能簡單做出的下酒菜

無須開火，將食材放入耐熱大碗，放進微波爐裡按下按鈕即可！
（請使用 600W 的微波爐）

昆布　　大豆

🕐 時間｜8 分鐘

常備菜
便當菜

昆布豆

材料（2 人份）和作法

1 將 5cm 的昆布以剪刀剪成 5mm 大小的方塊。

2 150g 的水煮大豆、昆布、3 又 1/2 大匙的水、1 又 1/2 大匙的砂糖、1 又 1/2 小匙的醬油、2 小撮鹽巴放入耐熱的大碗裡蓋上保鮮膜，加熱 5 分鐘。

薩摩炸魚餅　　小松菜

🕐 時間｜5 分鐘

常備菜
便當菜

薩摩炸魚餅拌小松菜

材料（2 人份）和作法

1 將 2 片薩摩炸魚餅（70g）切成 5mm 寬。2 株小松菜（100g）切成 5cm 的長度。

2 將作法1的食材、麵之友（2 倍濃縮）與水各 2 小匙，放入耐熱的大碗裡稍微攪拌，蓋上保鮮膜後加熱 2 分 30 秒，再均勻攪拌即可。

紅蘿蔔　　牛蒡

🕐 時間｜8 分鐘

常備菜
便當菜

牛蒡炒紅蘿蔔

材料（2 人份）和作法

1 將 4cm 的紅蘿蔔（40g）切成細長條狀。2/3 根牛蒡（100g）仔細的清洗後，同樣切成細長條狀後浸泡在醋水裡後撈起、瀝乾。

2 耐熱的大碗裡放入作法1的食材、酒、味醂、醬油各 2 小匙，砂糖 1 小匙後稍微攪拌，蓋上保鮮膜放進微波爐裡加熱 3 分鐘。

3 將大碗從微波爐裡取出後，攪拌碗內食材，蓋上保鮮膜再加熱 1 分 30 秒，盛盤之前加入 1/2 小匙麻油稍微攪拌即可。

蓮藕 + 筍干

時間 | 10 分鐘

常備菜

涼拌蓮藕筍干

材料（2 人份）和作法

1 先將 100g 的蓮藕切成 5cm 長，再切成 1cm 寬的長條狀，浸泡在淡淡的醋水裡 3 分鐘後撈起、瀝乾。將蓮藕放入耐熱的大碗裡蓋上保鮮膜加熱 4 分鐘。

2 加入 20g 的筍干、2 小撮的鹽巴、1 小匙的麻油攪拌即可。

南瓜 + 玉米罐頭

時間 | 8 分鐘

常備菜

南瓜玉米沙拉

材料（容易製作的份量）和作法

1 將 1/6 個南瓜（200g）去掉種籽和皮切成 2cm 大小，放入耐熱的大碗裡蓋上保鮮膜加熱 3 分鐘。之後將南瓜壓成泥放涼。

2 加入 40g 的玉米罐頭、1 大匙優格、1 小匙美乃滋和少許胡椒鹽攪拌調味。

雞柳 + 酪梨

時間 | 8 分鐘

涼拌酪梨雞柳

材料（2 人份）和作法

1 將 2 條雞柳（100g）放入耐熱容器裡，再加入 2 小匙酒、少許胡椒鹽，蓋上保鮮膜後加熱 2 分鐘。靜置放涼後將雞柳撕成適當的大小。

2 將 1 個酪梨去除種籽和皮，切成 1.5cm 的骰子形狀。

3 大碗裡放入 1 小匙醬油、1.5cm 的山葵、麻油與檸檬汁各 1/2 小匙攪拌均勻，再放入雞柳和酪梨調味。

不用開火！
輕鬆做出充滿蔬菜的濃湯

炎熱的夏天放在冰箱冷藏就是蔬菜冷湯，嚴寒的冬天以微波爐加熱，就成了暖胃的熱湯，
一年四季都能品嘗。濃湯所使用的豆漿和牛奶都可以互相取代。

紅蘿蔔地瓜濃湯

菠菜馬鈴薯濃湯

玉米馬鈴薯濃湯

毛豆洋蔥濃湯

紅蘿蔔　　地瓜

紅蘿蔔地瓜濃湯

材料（2 人份）
紅蘿蔔 ⋯⋯ 1 根（130g）
地瓜 ⋯⋯ 1/3 根（80g）
水 ⋯⋯⋯⋯ 2 又 1/2 大匙
法式清湯粉 ⋯⋯ 1/2 小匙
牛奶 ⋯⋯⋯⋯⋯ 250ml

作法
1 紅蘿蔔和地瓜分別切成 1cm 大小，地瓜浸泡在水裡 3 分鐘後撈起、瀝乾。
2 將作法1的食材放入耐熱的大碗裡，淋上水後蓋上保鮮膜，放進 600W 的微波爐加熱 6 分鐘，趁熱加入法式清湯粉並加以攪拌。
3 將作法2的食材和牛奶放入果汁機裡攪碎，直到食材變成濃稠狀為止。

製作的步驟完全相同。

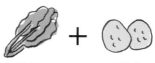

波菜　　馬鈴薯

菠菜馬鈴薯濃湯

材料（2 人份）
菠菜 ⋯⋯⋯⋯ 2 株（80g）
馬鈴薯 ⋯ 1 小個（100g）
水 ⋯⋯⋯⋯⋯⋯ 1 大匙
法式清湯粉 ⋯⋯ 1/2 小匙
咖哩粉 ⋯⋯⋯ 1/3 小匙
牛奶 ⋯⋯⋯⋯⋯ 250ml

作法
1 菠菜洗淨後包上保鮮膜，以 600W 的微波爐加熱 2 分 30 秒，放入水裡冷卻 3 分鐘。波菜瀝乾後切成 3cm 長。
2 馬鈴薯切成 2cm 大小放入耐熱大碗裡，淋上水後蓋上保鮮膜，以 600W 的微波爐加熱 4 分鐘，趁熱加入法式清湯粉和咖哩粉攪拌。
3 將作法1和2的食材以及牛奶放入果汁機裡攪碎，直到食材變成濃稠狀為止。

MEMO
加入少許的咖哩粉是這道濃湯的重點，可以消除菠菜的青草味，讓味道更棒！

玉米罐頭　　馬鈴薯

玉米馬鈴薯濃湯

材料（2 人份）
玉米罐頭 ⋯⋯⋯⋯⋯⋯ 120g
馬鈴薯 ⋯ 1 小個（100g）
水 ⋯⋯⋯⋯⋯⋯⋯ 1 大匙
牛奶 ⋯⋯⋯⋯⋯⋯ 250ml
鹽巴 ⋯⋯⋯⋯⋯ 1/4 小匙

作法
1 馬鈴薯切成 2cm 大小放入耐熱大碗裡，淋上水後蓋上保鮮膜，以 600W 的微波爐加熱 2 分鐘。
2 將作法1的食材和玉米罐頭、牛奶、鹽巴放入果汁機裡攪碎，直到食物變成濃稠狀為止。

MEMO
為了保留玉米的風味，只用鹽巴調味。玉米的產季時，請一定要用生玉米做這道濃湯。

毛豆　　洋蔥

毛豆洋蔥濃湯

材料（2 人份）
冷凍毛豆（帶殼）⋯ 200g
洋蔥 ⋯⋯⋯⋯⋯ 1/4 個
水 ⋯⋯⋯⋯⋯⋯ 2 小匙
法式清湯粉 ⋯⋯ 1/2 小匙
豆漿 ⋯⋯⋯⋯⋯ 250ml

作法
1 毛豆解凍後從毛豆莢裡取出毛豆仁。
2 將洋蔥切成碎放入耐熱的大碗裡，淋上水後蓋上保鮮膜，以 600W 的微波爐加熱 2 分 30 秒，趁熱加入法式清湯粉攪拌。
3 預留幾顆毛豆作為裝飾，將作法1和2的食材以及豆漿放入果汁機裡攪碎，直到食材變成濃稠狀為止。

MEMO
將濃湯盛入器皿裡後放上幾顆裝飾用的毛豆，看起來相當可愛。毛豆的季節，請用生毛豆製作。

staub 鑄鐵鍋湯料理

首先我們先來認識用鑄鐵鍋煮湯時，需要掌握的 3 個重點。

建議使用深鍋的鍋型

本書所介紹的湯料理都是使用 staub 的鑄鐵鍋所製作而成，其中我最推薦的是深度 12cm「Grand Cocotte Round 20cm」的鍋型，湯汁多、食材多的料理皆可輕易容納、方便調理，另外，「Pico Cocotte Round 22cm」的鍋型也很推薦。

一個 staub 鑄鐵鍋就可包辦一切

煎、炒、蒸、煮等所有菜餚湯品的料理步驟，只要一個鑄鐵鍋就能完成。staub 鑄鐵鍋中的「黑霧面琺瑯塗層加工」可以讓煎炒等步驟更輕易完成。由於省略掉了需要先用平底鍋炒過食材的過程，一個鍋子就能輕易烹調出美味的湯料理。

多做一點的話，可以用來延伸製作成常備菜或是不同的料理

利用深鍋製作的湯料理，可以一次多煮一些當作常備菜，也可以加入麵或飯來增添變化。本書所介紹的料理，除了使用魚或蛋的食譜，大致上都可以冷藏保存 3 ～ 4 天。當然也能利用夾鏈袋分裝成小包裝保存。在書中，還會介紹許多變化菜色的有趣提案，歡迎大家試試看。

正因為是鑄鐵鍋，才能達成的美味

誕生於法國的鑄鐵琺瑯鍋，staub 熱傳導性佳、可以將食材的美味封存凝聚。原本是為了廚師烹飪上的需求才出現的鍋具，設計上有許多可以讓食材更美味的秘密，只要活用這些技巧與秘密，就能讓你的料理更加有趣。

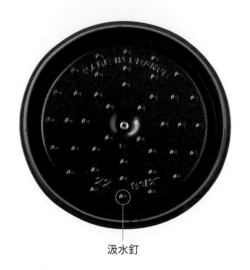

汲水釘

秘密在於蓋子背部
凝縮食材美味的「汲水釘」

鍋蓋非常重的 staub 鑄鐵鍋，由於密閉性佳，料理的過程中可以讓水蒸氣與香氣不易飛散。多餘的水份，只會讓料理的味道淡掉，使用時則只需善用食材本身含有的水份調理即可。

在 staub 鑄鐵鍋內放入食材開火，食材內含的鮮味與水份會變成水蒸氣（熱氣）飄散而出。包含著美味成份的水蒸氣在鍋中形成對流，再沿著鍋蓋的汲水釘變成滴落在食材上的水滴。經過這樣反覆的循環，帶著食材鮮美成份的水滴，讓料理變得更加汁多味美。

當鍋中的水蒸氣，壓力來到最高潮時，鍋蓋的縫隙會微微飄散出水蒸氣，在這個時間點將火力調小減少蒸氣產生，則是美味湯料理的製作要點。只要活用這個要點，讓鍋中的水蒸氣可以不斷循環。切勿中途打開鍋蓋，會不小心讓含有美味成份的水蒸氣一洩而散。

利用蒸煮技巧，短時間內讓食材更為軟嫩

善用食材內的水份，或是加入少許酒類、紅酒等一起烹煮的「蒸煮」方式。當在烹調豬肋排這種大型肉塊，或是體積大的蔬菜切片等食材，使用staub 鑄鐵鍋就可以在短時間內快速煮出柔軟的狀態，品嚐食材本身的美味。

慢慢地小火燉煮

具有保溫性高以及水蒸氣不易飛散等特點，最適合拿來小火慢煮的鑄鐵鍋。特別是煮湯時最忌諱水份揮發，使用鑄鐵鍋正好可以避免這樣的問題發生。當湯汁內吸滿了食材本身的美味之時，完美的融合讓人一吃讚嘆。

不會燒焦的煎炒調理法

比如說將雞腿肉皮煎到香脆時，或是要將洋蔥炒成焦糖色澤時，這些會讓食材產生美味元素的「焦化過程」，只要使用鑄鐵鍋就不會出錯。用手觸碰鍋子內側，就會發現凹凸突起的「黑霧面珐瑯塗層加工」，因為這一層加工，可以防止油份在鍋內不易燒焦。

無水調理讓料理更美味

如同書中介紹的「雞肉番茄無水料理湯」（P.20）這一類無需加水的湯料理，都是可以活用鑄鐵鍋的好機會。蒸氣不易散發的特點，只要活用食材本身的水份就可製成的湯品。由於食材的鮮味都被濃縮其中了，只需要最低限度的調味就可以讓整體的美味最大化。

2 種煮法的基本步驟

爲了更輕易地烹調出美味的湯料理，本書介紹的食譜都不需要再用平底鍋炒過食材，或是再用額外的鍋子煮過等多餘的手續。這樣簡易的料理步驟基本上分爲兩種，只要掌握各自的步驟，活用變化時也能更加得心意手。

煮法 A

直接將食材放入鍋內，僅需蒸煮就可以的簡易調理法。

1 放入食材

將食材與調味料放入鍋內，混合均勻。

2 蒸

蓋上鍋蓋開火，讓食材變軟，使美味成份濃縮其中。

※ 部份食譜需要加水一起蒸煮。

3 煮

加入水份或是調味料，使其煮至入味。

※ 如果是加入牛奶或是味噌的話，注意不要煮過頭，稍微加熱過即可。

煮法 B

一開始先將食材炒過，利用油份在食材表面形成一層保護膜。食材的味道因此更容易入味，也不會煮到過於軟爛。

1 炒

倒油熱鍋，放入食材與調味料拌炒。

※ 部份食譜會將食材炒過後，先取出備用。

2 蒸

蓋上鍋蓋加熱，將食材煮到軟嫩，讓美味成份在鍋內循環。

※ 部份食譜需要加水一起蒸煮。

3 煮

加入水份或是調味料，使其煮至入味。

※ 如果是加入牛奶或是味噌的話，注意不要煮過頭，稍微加熱過即可。

7 個美味秘訣
再加碼

爲了能夠活用鑄鐵鍋的特性，烹調出美味的
湯料理。一個小步驟就能讓料理更不一樣的
7 個秘訣。

調味要簡單

鑄鐵鍋製成的湯品，因爲濃縮了食材
的精華，建議不需要再加入多餘的調
味料，單純品嚐食材本身的美味就很
足夠。

利用奶油或油讓料理更濃醇

若是一開始沒有「炒」這個程序的湯品
或是蔬菜做成的湯，在蒸之前可以先
淋一些麻油，或是在完成時加入一些
奶油，讓料理的整體風味更顯濃醇。

活用具有鮮味的食材

帶骨肉或是帶殼的蝦貝類、香菇等乾
貨食材，只要活用這些會釋放出美味
高湯的食材，就不需過度添加調味料。

煎至焦黃的狀態更好吃

在調理肉類或是蔬菜時,煎至焦褐色
的話,多層次的香氣也是讓美味倍增
的關鍵。唯一需注意的是不要煮到燒
焦變黑。

可以連皮一起吃的蔬菜

紅蘿蔔、牛蒡、南瓜等蔬菜的外皮蘊
含豐富的營養成份,連皮一起烹煮的
話,可以吃進更多營養素也更美味。
仔細清洗乾淨,多多運用這些蔬菜來
煮湯吧!

運用辛香料蔬菜增加味道的層次

用鑄鐵鍋煮湯時常常使用的芹菜、香
菜、蔥薑等辛香料蔬菜,通常會使用
在蒸煮時,讓香味可以被吸附在料理
上,或是在起鍋時添加,使整體香氣
增添層次。

整鍋上桌也OK!

正因為鑄鐵鍋的高超保溫性能,出菜
時直接端上桌,方便隨時再來一碗的
好用器具。經典外觀設計的鍋型,擺
在餐桌上也不會破壞氣氛。

先記住就對了！基本高湯底

這邊要介紹的是用 staub 鑄鐵鍋熬湯時的 3 種美味基底的高湯

和風高湯

以昆布和柴魚熬製而成的和風高湯湯底。
本書食譜中的「高湯」，指得就是這邊所介紹的高湯。

材料：方便製作的份量

昆布（10cm 四方形）… 2 片（20g）　　水…1800ml

柴魚片…30g

作法

1. 鍋內放入水與昆布，靜置 30 分鐘。

2. 開小火加熱 1.，表面開始沸騰時先將昆布取出，調成中火。當
   水面變得稍稍緩和，僅有微微冒泡時，再加入柴魚片，煮約 3
   分鐘。

3. 在耐熱容器上放濾網，以紙巾（或是濾布）鋪在上面，緩緩地將
   2. 注入其中（如圖）。

昆布高湯

只用昆布做出的清爽口味高湯，適合當成各種湯品的湯底。
本書食譜中的「昆布高湯」，指得就是這邊所介紹的高湯。

材料：方便製作的份量

昆布（10cm 四方形）…1½ 片（15g）

水…1500ml

作法

在碗裡或是水瓶內放入昆布及水（**如圖**），放入冰箱冷藏一個晚上（8小時以上）。

自製雞高湯

中華料理或是韓國料理不可或缺的雞高湯，自己動手做，風味更佳。
本書食譜中的「雞高湯」，指得就是這邊所介紹的高湯。

材料：方便製作的份量

雞肉（帶骨／雞翅、翅中、翅小腿等部位）… 600g　　　　水 … 1000ml

A 料理酒… 100ml

　生薑（切薄片）… 2 片

　日式大蔥（蔥綠）… 2 根

　鹽… 1 小匙

作法

1. 鍋內放入水、雞肉、A，開大火加熱。沸騰後再持續熬煮約 5 分鐘，仔細撈出浮在表面的白色浮沫（如圖）。再加入水，蓋上鍋蓋以小火煮 40 分鐘。

2. 在耐熱容器放上濾網，再鋪上紙巾（或是濾布），緩緩地將 1. 注入其中。

※ 使用市售的雞湯（如雞湯粉等溶於湯裡的調味料）的話，按照不同產品的鹽份含量而有差異，請邊試味道邊調整份量。

第一章

雞肉 × 蔬菜的湯料理

煎到金黃焦脆的雞腿肉、燉煮到軟嫩的雞胸肉、
可以熬出鮮美湯頭的雞翅、小朋友最喜歡的絞肉等各種雞肉種類部位，
使用這些富含高蛋白質營養的雞肉煮出的各種創意湯料理，
可以讓每天的餐桌更豐富多彩。

雞肉番茄無水料理湯

僅運用番茄的水份製成的鮮紅色湯料理，雞肉與番茄的鮮甜濃縮其中，滋味絕佳！
不管吃幾次都不會膩，經典中的經典。

材料：3～4 人份

雞腿肉 (帶皮)…1 片 (300g)

番茄…4 顆 (700～800g)

大蒜 (切薄片)…1 瓣

鹽…1 小匙

橄欖油…1 大匙

作法

1. 切除掉雞腿肉多餘的脂肪部份，連皮切成 8 等分。番茄切成 6 等分的半月形。

2. 鍋內先倒入橄欖油以小火加熱，再放入大蒜拌炒 (圖 a)。大蒜開始出現香氣後，先將大蒜取出，熄火。

3. 把番茄排列於鍋中 (圖 b)，再於上方放置雞腿肉，接著再將 2.的大蒜放置最上方 (圖 c)。撒鹽，蓋上鍋蓋以小火煮約 40 分鐘。

a　讓油沾附上滿滿的蒜香。注意不要炒到燒焦。

b　利用一片片大塊的番茄釋出的水份來蒸煮。

c　將先前取出的大蒜再次放置於所有食材的上方，讓蒜香能夠平均地分布於整體食材之中。

Arrange!

燕麥燉飯

用較小的鍋型放入「雞肉番茄無水料理湯」(300ml)、燕麥 (50g)，以中火煮 3～4 分鐘。

冬季白菜
燉雞腿湯

 在白菜盛產的冬季裡，會常常想起的一道料理。
生薑驅寒保暖的效用，是可以讓人感到安心的味道。

材料：3 ～ 4 人份

雞腿肉（帶皮）… 1 片（300g）
白菜… ¼ 顆（650g）
生薑… 1 片
鹽… ½ 小匙
醬油… 1 大匙
麻油… 2 小匙

作法

1. 去除掉雞腿肉多餘的脂肪部份，連皮切成 2cm 大小。將白菜切成 1cm 的寬度。生薑則仔細清洗過，連皮一起切絲。

2. 鍋內放入白菜與鹽混合均勻，依序放入雞肉、生薑，再淋上醬油、麻油。蓋上鍋蓋以小火煮 40 分鐘。

基本款雞湯

不使用高湯，僅以鹽與胡椒調味。
應證「簡單就是力量」這個道理的一道湯品。

材料：3～4 人份

雞腿肉（帶皮）…1 片（300g）

洋蔥…1 顆（200g）

紅蘿蔔…1 根（150g）

大蒜（切薄片）…1 瓣份

鹽…1 小匙

黑胡椒（粗粒）…1 小撮

水…500ml

作法

1. 去除掉雞腿肉多餘的脂肪部份，連皮切成 2cm 大小。將洋蔥、紅蘿蔔切成 1.5cm 的丁塊。

2. 鍋內放入洋蔥、紅蘿蔔、大蒜與鹽拌勻，再將雞肉放置其上，蓋上鍋蓋以中火加熱。當蒸氣從鍋蓋邊緣散發時，調整成小火，蒸煮約 15 分鐘。

3. 倒入水，再次蓋上鍋蓋以稍弱的中火持續加熱約 10 分鐘。撈起表面上的浮沫，撒上黑胡椒。

普羅旺斯
雞腿湯

材料：4 人份

雞腿肉（帶皮）⋯1 片（300g）

櫛瓜⋯1 根（150g）

紅椒⋯1 顆（150g）

番茄⋯2 顆（300g）

大蒜（切末）⋯1 瓣份

鹽、羅勒葉（乾燥）⋯各 1 小匙

橄欖油⋯1½ 大匙

水⋯400ml

 將來自南法的燉煮蔬菜料理延伸變化成豪華的湯品。

作法

1. 去除掉雞腿肉多餘的脂肪部份，連皮切成 2cm 大小。將櫛瓜切成 1cm 寬度的半月形。紅椒則去除蒂頭和籽，切成 2cm 的方塊狀。番茄同樣切成 2cm 的塊狀。

2. 在鍋內倒入橄欖油，放入大蒜，開中火拌炒，出現香味之後，放入雞肉、櫛瓜、紅椒，撒上 ½ 小匙的鹽。食材炒軟後再加入番茄，所有食材拌勻後蓋上鍋蓋。當蒸氣從鍋蓋邊緣散發時，調整成小火，蒸煮約 15 分鐘。

3. 打開鍋蓋，加入水、½ 小匙的鹽、羅勒葉。再次蓋上鍋蓋以稍弱的中火持續煮約 10 分鐘，撈起表面上的浮沫即完成。

檸檬高麗菜燉雞湯

煮到軟爛的高麗菜,連菜梗都好吃。

材料:3～4 人份

雞腿肉(帶皮)…1 片(300g)

高麗菜…1/3 顆(400g)

日本大蔥…1 根

檸檬(日本產)…1 顆

鹽、黑胡椒(粗粒)…各 1 小匙

麻油…1 大匙

水…400ml

作法

1. 去除掉雞腿肉多餘的脂肪部份,連皮切成 2cm 大小。將高麗菜的葉片與菜梗分別切除,葉片切成 3cm 大小的四方形,菜梗則切成薄片。大蔥切成蔥花。檸檬取半顆切成薄片,剩下的半顆榨汁。

2. 鍋裡放入高麗菜、鹽、黑胡椒拌勻,再依序放入雞肉、1. 的檸檬汁、蔥花,淋上麻油開中火加熱。當蒸氣從鍋蓋邊緣散發時,調整成小火,繼續蒸煮約 15 分鐘。

3. 打開鍋蓋倒入水、1. 的檸檬切片。再次蓋上鍋蓋以稍微弱的中火持續煮約 10 分鐘,撈起表面上的浮沫即完成。

Arrange!

檸檬高麗菜雞烏龍麵

先依照包裝標示,煮熟冷凍烏龍麵(1 包),再將加熱過的「檸檬高麗菜燉雞湯」與烏龍麵盛入碗內即可。

魚露雞翅
櫛瓜湯

 生薑與檸檬汁的爽快感讓人意猶未盡。

材料：3～4人份

雞翅小腿…8 隻

櫛瓜（切成 1cm 厚的圓片狀）…1 根（150g）

毛豆仁（冷凍／鹽味）…100g（淨重）

生薑（切絲）…1 片份

魚露…2 大匙

檸檬汁…1 大匙

橄欖油…1 大匙

水…600ml

作法

1. 鍋內倒入橄欖油，以中火熱鍋，再加入生薑拌炒。待薑絲炒香後，加入雞翅、櫛瓜快炒，接著倒入水、魚露，蓋上鍋蓋。

2. 當蒸氣從鍋蓋邊緣散發時，調成小火蒸煮約 30 分鐘。再加入毛豆（不需解凍）、檸檬汁，煮約 1～2 分鐘即可。

雞翅豆芽
胡椒湯

 調味雖然很簡單，因為帶骨雞肉的鮮味溶入湯裡，讓人更能細細品味。

材料：3～4 人份

雞翅中…8 隻

黃豆芽（去除根部）…1 包（200g）

鹽…1¼ 小匙

料理酒…2 大匙

黑胡椒（粗粒）…½ 小匙

麻油…1 大匙

水…600ml

作法

1. 鍋內倒入麻油，以中火熱鍋，再將雞翅煎至微微上色。加入黃豆芽拌匀，倒入鹽、料理酒、水，蓋上鍋蓋。當蒸氣從鍋蓋邊緣散發時，調成稍弱的中火蒸煮約 20 分鐘。

2. 打開鍋蓋，撈起表面的浮沫，撒上黑胡椒即可。

山葵嗆辣雞翅
豆乳濃湯

 溫醇的豆乳製成的濃湯，
更能感受到山葵嗆辣的不同層次。

材料：3～4 人份

雞翅中⋯8 隻

牛蒡⋯1 根（200g）

白菜葉⋯2 片（100g）

鹽⋯1 小匙

日式豆乳（無調整成份）⋯400ml

山葵醬⋯1 大匙

橄欖油⋯1 大匙

水⋯200ml

編注：日式豆乳可以試著用台灣的無糖
豆漿取代。

作法

1. 以刀背將牛蒡削去粗糙的外皮，縱向切成 4 等分，再切成
   4cm 長度的段狀。將白菜切成 1cm 大小的葉片。

2. 鍋內倒入橄欖油，以中火熱鍋，再加入牛蒡、白菜、翅中、
   鹽拌炒。倒入水後蓋上鍋蓋，以小火蒸煮 15 分鐘。

3. 打開鍋蓋，撈起表面浮沫，倒入豆乳後，調成稍弱的中火
   煮約 5 分鐘。起鍋前再將山葵溶進湯內即可。

雞絞肉白菜
醬味湯

 讓人感到安心的和風口味。
加入白飯一起煮成雜炊，就能享用不同變化的料理。

材料：3 ～ 4 人份

雞絞肉（雞腿）…200g

白菜…350g

洋蔥…½ 顆（100g）

鹽…½ 小匙

料理酒…2 大匙

醬油…2 大匙

味醂…1 大匙

麻油…1 大匙

水…600ml

作法

1. 將白菜切成 3cm 的一口大小。洋蔥則切成 2cm 厚度的半月形。

2. 鍋內倒入麻油，以中火熱鍋，再加入 1.、鹽一起拌炒。炒軟後倒入料理酒，蓋上鍋蓋。當蒸氣從鍋蓋邊緣散發時，調成小火蒸煮約 10 分鐘後，再次打開鍋蓋。

3. 倒入水並再次以中火加熱，開始沸騰時加入絞肉。烹調絞肉的時候，搭配鍋鏟輕撥打散。撈起表面浮沫，加入醬油、味醂後，再次蓋上鍋蓋，以小火煮約 5 分鐘。

帕瑪森番茄雞肉丸湯

 可以同時品嚐到美乃滋的韻味及羅勒的清爽香氣，西式風味的雞肉丸子是這道料理的靈魂要角。上菜時才撒上的帕瑪森起司，建議要撒上滿滿的才夠味。

材料：3～4 人份

A 雞絞肉（雞腿）…200g

　美乃滋…1 大匙

　太白粉…2 小匙

　羅勒葉（乾燥）…1 小匙

　鹽…1 小撮

小番茄…12 顆

綠蘆筍（斜切約 4cm 的長度）…4 根

魚露…1 大匙

奶油…10g

帕瑪森起司（刨絲或是起司粉）

…適量

水…600ml

作法

1. 將 A 放入調理碗內，揉拌
   均勻，搓成一口大小的圓球
   狀（共計 10 顆／圖 a）。

2. 鍋內加入水、小番茄、蘆
   筍、魚露（圖 b）、奶油，以
   中火加熱。開始沸騰時將
   1. 加入鍋內（圖 c），蓋上鍋
   蓋以小火煮約 10 分鐘。盛
   盤並撒上帕瑪森起司。

a　爲了讓湯與丸子味道更鮮明，
　製作雞肉丸的時候要按照食譜
　比例捏製，才能確實入味。

b　魚露在煮過後，強烈的味道會
　稍微淡去，鮮味則會溶入湯內。

c　將雞肉丸以湯匙一個個放入湯
　內，才能保持漂亮的球狀。

Arrange!

巴西里奶油飯

1. 將白飯（150g）、巴西里（切末、
   5g）、奶油（5g）攪拌均勻，盛盤。

2. 將「帕瑪森番茄雞肉丸湯」（150ml）
   倒入小鍋內加熱，加入太白粉
   水（水、太白粉各 2 小匙混勻）攪拌，
   再淋在 1. 上一起享用。

雞肉佐豌豆
義式雜菜湯

 清爽的湯頭，可以品嚐到多種食材的原味。
配合春天的到來，當然要使用當季新鮮的豌豆。

材料：3～4人份

雞絞肉（雞腿）…200g

洋蔥（切成 1cm 的丁狀）…1 顆（200g）

豌豆（冷凍）…100g

A 水…600ml

　料理酒…2 大匙

　鹽…1½ 小匙

月桂葉…1 片

橄欖油…1 大匙

作法

1. 鍋內倒入橄欖油，以中火熱鍋，再加入洋蔥拌炒。洋蔥炒
   軟後，加入 A，待開始沸騰後，持續使其沸騰約 30 秒，
   再加入絞肉。烹調絞肉的時候，使用鍋鏟輕撥打散。燉煮
   的過程，記得撈起表面浮沫，加入月桂葉後蓋上鍋蓋，以
   小火熬煮約 10 分鐘。

2. 將碗豆（無需解凍）加入鍋內，以稍弱的中火煮約 3 分鐘。

第二章

豬肉 × 蔬菜的湯料理

不管是燉煮肋排、里肌肉等大片肉塊，
或是可以快速上菜的豬五花、肉片等薄切肉片，
當然還有時常仰賴的火腿、小香腸等常備食材，
這些豬肉與大量蔬菜的湯料理可以運用在每天的日常吃食中，
創作出繽紛多樣的餐桌風景。

法式火上鍋

 把大塊的蔬菜與肉放入鍋中燉煮，來自法國的家庭料理，讓人看了食指大動。
同樣以來自法國的燉煮料理 - 米洛頓（Miroton）為靈感所變化的食譜也務必試試看。

材料：3～4人份

豬肋排…6塊（300g）

紅蘿蔔…1根（150g）

洋蔥…1顆（200g）

高麗菜葉…4片（200g）

A 月桂葉…2片

水…1000ml

料理酒…3大匙

鹽…1½小匙

橄欖油…1大匙

作法

1. 紅蘿蔔清洗後，帶皮縱切成兩半，再分切成4～5cm長度的塊狀。洋蔥則順紋切4等分。高麗菜葉以「櫛切」的方式將其切成2cm厚度的瓣狀。

2. 鍋內倒入橄欖油，以中火熱鍋，再放入豬肉將兩面煎至上色（圖a）。接著加入A，以大火煮約8分鐘。撈起表面浮沫（圖b），調成小火加熱，並加入1.的蔬菜，撒鹽（圖c），上蓋蒸煮約40分鐘。

a 將豬肉煎至上色，鎖住肉汁，逼出香氣。

b 想要讓湯煮起來保持清澈，記得要確實撈起表面上的浮沫。

c 將切成大塊的蔬菜燉煮得鮮甜又有帶有口感。

Arrange!

法式米洛頓風焗烤

以「法式火上鍋」（300g/去除湯汁）的食材放入焗烤用烤盤，撒上披薩用起司（50g），再放入烤箱烤到金黃上色即可。

韓式馬鈴薯排骨湯

 豬肉與馬鈴薯的韓國風鍋物料理，爽快的辣味直撲而來。
吸飽食材精華鮮味的湯汁加入白飯，搖身一變成為讓人食指大動的韓式炒飯。

材料：3～4人份

豬肋排…6塊（300g）

馬鈴薯…2顆（300g）

洋蔥…1顆（200g）

A 水…1000ml

　料理酒…2大匙

B 大蒜、生薑（分別磨泥）

　…各1小匙

　芝麻粉（白）、醬油、韓式辣

　醬、味噌…各2大匙

麻油…1大匙

芝麻葉（或是紫蘇葉／撕碎）

　…適量

作法

1. 將馬鈴薯切成4等分。洋蔥則以「櫛切」的方式切成2cm厚度的瓣狀。

2. 鍋內倒入麻油，以中火熱鍋，加入豬肉、洋蔥，將豬肉炒至表面顏色轉白（圖a）。加入A（圖b）調成大火加熱，煮約8分鐘。撈起表面的浮沫，再加入馬鈴薯、B（圖c），蓋上鍋蓋，以小火煮約40分鐘。盛盤後，依照個人喜好撒上芝麻葉片點綴。

a 將豬肉煎至上色，並確實讓洋蔥與麻油拌炒過後再加入A。

b 酒精能夠抑制豬肉的腥味。

c 將韓式辣醬、味噌溶解在湯裡。

Arrange!

韓式炒飯

在平底鍋內倒入「韓式馬鈴薯排骨湯」的湯汁（100ml），以中火加熱，再加入白飯（200g）、麻油、醬油（各1小匙），邊煮邊炒，直到湯汁收乾。盛盤時撒上白芝麻（適量），再將撕碎的韓式海苔（適量）撒在飯上即可。

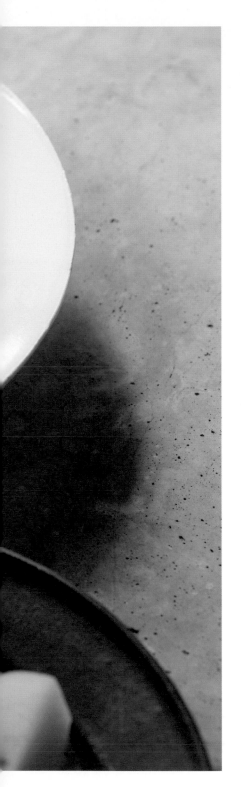

白酒燉白花椰菜肋排湯

 這道菜以表面煎到酥脆的豬肋排為主角。
搭配上清爽的迷迭香，非常適合當作宴客菜餚。

材料：3～4人份

豬肋排…6塊（300g）

白花椰菜…¼顆（150g）

白酒…100ml

A 水煮白腰豆罐頭…1罐（200g）

　大蒜（拍扁）…2瓣

　迷迭香…4根

　鹽…1小匙

橄欖油…1大匙

水…800ml

作法

1. 將白花椰菜分成小株。

2. 鍋內倒入橄欖油，以中火熱鍋，再放入豬肋骨煎至兩面上色。加入水、白酒後調成大火，煮約8分鐘。撈取表面上的浮沫。

3. 加入1.與A後蓋上鍋蓋，以小火煮約40分鐘。

西班牙油蒜香芹豬肉湯

將西班牙的 Tapas 料理變化成湯料理。
吃得到香氣滿滿的芹菜，讓人印象深刻。

材料：3～4人份

豬梅花肉（炸豬排用）… 2 片（300g）
鹽…1 小撮
芹菜…1 根（150g）
蘑菇（褐色）…8 顆
A 大蒜（切薄片）…2 瓣
　鯷魚（魚片）…4 片（15g）
　橄欖油…2 大匙
　鹽、黑胡椒（粗粒）…各 1 小撮
昆布高湯…600ml
白酒…2 大匙
鹽… ½ 小匙

作法

1. 將豬肉切成 1.5cm 寬度的條狀，加入 1 小撮的鹽揉捏入味。將芹菜梗斜切約 4cm 的長度，葉片取下備用。蘑菇則縱切對半。

2. 鍋內放入 A，開小火加熱，將鯷魚以鍋鏟擠壓翻炒。大蒜開始爆香後，加入豬肉，調成中火快炒。接著倒入昆布高湯、白酒，調整為大火，沸騰後持續加熱約 30 秒再熄火。表面上有浮沫的話記得撈取。

3. 放入芹菜梗、葉片、蘑菇、 ½ 小匙鹽，蓋上鍋蓋，以小火煮 30 分鐘。撈除芹菜葉即可盛盤。

法式多蜜醬番茄豬肉湯

日本洋食的經典菜色「牛肉燴飯」，
用豬肉替代牛肉，吃起來更有家常味。

材料：3～4 人份

豬梅花肉（炸豬排用）…2 片（300g）

鹽…少許

低筋麵粉…2 小匙

番茄…2 顆（300g）

洋蔥…½ 顆（100g）

鴻禧菇…1 包（100g）

鹽…1 小匙

多蜜醬罐頭…1 罐（290g）

奶油…20g

起司粉…適量

水…400ml

編注：多蜜醬是一種法式醬汁，濃縮蔬菜、紅酒、牛肉的美味，日式的洋食料理經常用來搭配肉類。罐頭包裝的多蜜醬使用起來更方便。

作法

1. 以叉子在豬肉表面戳孔，再切成 2cm 的塊狀，撒上少許的鹽，塗抹上低筋麵粉。將番茄、洋蔥切成 1cm 的丁狀。鴻禧菇則將根部切除後撥散。

2. 在鍋內放入 10g 的奶油，以中火加熱，再放入豬肉煎。當豬肉煎至上色時，再加入番茄、洋蔥、鴻禧菇、½ 小匙的鹽，蓋上鍋蓋。當蒸氣從鍋蓋邊緣散發時，調成小火蒸煮約 10 分鐘。

3. 打開鍋蓋，加入水、½ 小匙鹽、多蜜醬、10g 奶油，再次蓋上鍋蓋，以小火煮約 20 分鐘。盛盤後，依照個人喜好撒上起司粉。

和風蘿蔔絲乾
豬肉湯

 將泡過蘿蔔絲乾的水代替高湯使用。
看似普通的外觀，卻是出乎意料的美味湯品。

材料：3～4人份

豬肉切片…200g

蘿蔔絲乾…30g

油豆腐…1塊

香菇…4朵

醬油…1大匙

水…600ml

編注：在台灣，蘿蔔絲乾可以試著用
菜脯米替代。

作法

1. 將蘿蔔絲乾水洗過後，放入調理碗內，倒入水，泡約15
   分鐘後取出，再以調理用剪刀剪成3cm的長度（泡過蘿蔔絲
   乾的水留著備用）。油豆腐縱向切半後，從邊緣切成2cm寬
   度的條狀。香菇則去除蒂頭，切成5mm寬度的薄片。

2. 鍋內放入1.的蘿蔔絲乾、蘿蔔水、豬肉、油豆腐、香菇和
   醬油，上蓋以中火加熱。當蒸氣從鍋蓋邊緣散發時，調成
   小火蒸煮約10分鐘。打開鍋蓋，將表面上的浮沫撈除。
   試試味道，如果不足的話，可以再添加1小撮鹽（份量外）
   提味。

檸檬咖哩馬鈴薯湯

以昆布高湯爲基底的和式咖哩風味，
配飯配麵都很百搭。

材料：3～4人份

豬肉切片…200g

花椰菜…1 顆（250g）

馬鈴薯…1 顆（150g）

鹽…1 小匙

昆布高湯…600ml

咖哩粉…2 小匙

檸檬汁…1 大匙

奶油…10g

作法

1. 將花椰菜切成小株，將莖桿部份的堅硬處去除，再切成
   5mm 寬度的薄片。馬鈴薯則切成 1cm 寬度的圓片狀，泡
   水約 10 分鐘後瀝乾。

2. 鍋內放入奶油，以中火加熱融化，再放入馬鈴薯、花椰
   菜，撒入 ½ 小匙的鹽，蓋上鍋蓋。當蒸氣從鍋蓋邊緣散發
   時，調成小火蒸煮約 10 分鐘。

3. 打開鍋蓋，倒入昆布高湯加熱，接著放入豬肉、咖哩粉、
   ½ 小匙鹽。再次蓋上鍋蓋後，以稍弱的中火煮約 5 分鐘。
   打開鍋蓋，將表面上的浮沫撈除，再將檸檬汁以繞圈的方
   式淋入鍋內，煮約 1 ～ 2 分鐘即可。

青紫蘇豬肉湯

就是義大利麵常見的青醬！
這道料理改以青紫蘇替代羅勒葉。

材料：3～4 人份

豬肉切片…200g

四季豆…10 根

高麗菜葉…4 片（200g）

鹽…½ 小匙

料理酒…3 大匙

A 青紫蘇（切末）…10 片

　橄欖油…2 大匙

　起司粉…2 小匙

　大蒜（磨泥）…¼ 小匙

　鹽…1 小撮

雞高湯…600ml

作法

1. 將四季豆切成 4cm 長度的段狀。高麗菜葉切成 4cm 的四方形。將 A 混合均勻備用。

2. 鍋內放入高麗菜葉、四季豆、鹽攪拌均勻，再放入豬肉，倒入料理酒後蓋上鍋蓋，以中火加熱。當蒸氣從鍋蓋邊緣散發時，調成小火蒸煮約 10 分鐘。

3. 打開鍋蓋，倒入雞高湯，以中火加熱，當表面開始沸騰冒泡時，再加入 A 持續煮約 1～2 分鐘。

柚子胡椒奶油濃湯

柚子胡椒的辛辣滋味，是大人會喜歡的料理。
蕪菁葉不需過度燉煮，起鍋前再放入增添美麗色澤。

材料：3～4 人份

豬肉切片…200g

杏鮑菇…1 包（100g）

蕪菁…2 顆（160g）

A 高湯…200ml

　料理酒…1 大匙

　鹽…½ 小匙

牛奶…400ml

鹽…½ 小匙

柚子胡椒…1 小匙

作法

1. 將杏鮑菇的根部切除，以滾刀塊方式切小塊。蕪菁縱切成 5mm 寬度的薄片，葉片部份則適當切成 5cm 的長度。

2. 鍋內依序放入蕪菁、杏鮑菇、豬肉（圖a），再加入 A 後，蓋上鍋蓋（圖b），以小火煮約 15 分鐘。

3. 打開鍋蓋，加入牛奶及鹽加熱（圖c），起鍋前再將蕪菁葉散落於鍋內，放入柚子胡椒使其溶入湯內。

a 鍋子的底部火力最強，將堅硬的蕪菁放在底層，柔軟的杏鮑菇則放置於上方。

b 以和風高湯為基底，雖是奶油風味的濃湯吃起來卻很清爽。

c 牛奶加熱沸騰的話會凝結，慢慢地以小火維持溫熱的狀態。

Arrange!

濃湯義大利麵

將義大利麵（50g）依照包裝上所標示的時間煮熟。鍋內放入「柚子胡椒奶油濃湯」（100ml）加熱，再和麵條拌勻即可。

高麗菜
無水大蒜奶油湯

 僅用高麗菜的水份就可以完成的無水湯料理。
推薦使用春天的高麗菜特別甘甜。

材料：3～4 人份

豬五花肉（薄片）⋯200g

高麗菜⋯½ 顆（600g）

大蒜（切薄片）⋯2 瓣

料理酒⋯100ml

鹽⋯1 小匙

奶油⋯15g

作法

1. 將豬肉切成 5cm 的長度。高麗菜切成一口大小，撒鹽拌勻。

2. 鍋內依序放入半份的高麗菜、豬肉、大蒜，再將剩餘的食材依序放入，最上方放奶油，淋酒後上蓋，以中火加熱。當蒸氣從鍋蓋邊緣散發時，調成小火蒸煮約 40 分鐘。

無水洋蔥
豬肉湯

 將洋蔥燉軟甜味盡出，讓人驚呼的美味。

材料：3～4 人份

豬五花肉（薄片）…200g

洋蔥…4 顆（800g）

生薑（切絲）…2 片

料理酒…2 大匙

鹽、黑胡椒（粗粒）…各 1 小匙

麻油…1 大匙

作法

1. 將豬肉切成 5cm 的長度。洋蔥切成 5mm 寬度的薄片。

2. 鍋內放入洋蔥、鹽、黑胡椒、麻油攪拌均勻，再放入豬肉、生薑拌勻，淋上酒上蓋，以中火加熱。當蒸氣從鍋蓋邊緣散發時，調成小火蒸煮約 40 分鐘。

海苔白菜
豬肉湯

 海苔的香氣讓人聞了肚子咕嚕咕嚕叫！

材料：3～4 人份

豬五花肉（薄片）…200g

白菜葉… 5 片（500g）

烤海苔（整片／撕碎）…1 片

料理酒…2 大匙

鹽…1 小匙

高湯…400ml

作法

1. 將豬肉切成 5cm 的長度。白菜細切成 1cm 的寬度，撒鹽拌勻。

2. 鍋內放入白菜、海苔、豬肉攪拌均勻，再倒入酒、高湯後上蓋，以中火加熱。當蒸氣從鍋蓋邊緣散發時，調成小火蒸煮約 30 分鐘。

豬五花梅乾
酸辣湯

材料：3～4 人份

豬五花肉（薄片）…200g

鴻禧菇…1 包（100g）

金針菇…1 包（100g）

綠豆冬粉…20g

梅乾（去籽以刀具拍成泥狀）…2 顆份

料理酒…2 大匙

醬油…1 大匙

雞高湯…600ml

麻油、辣油…各適量

 梅乾的酸與辣油的辣，
結合起來是會讓人上癮的美味。

作法

1. 將豬肉切成 2cm 的長度。鴻禧菇切除根部，撥成一口大
   小。金針菇同樣切除根部後，切成 4 等分。冬粉事先泡過
   溫水約 10 分鐘，瀝乾後切成 2cm 的長度。

2. 鍋內依序放入鴻禧菇、金針菇、豬肉，淋酒後蓋上鍋蓋，
   以中火加熱。當蒸氣從鍋蓋邊緣散發時，調成小火蒸煮約
   5 分鐘。

3. 打開鍋蓋，倒入雞高湯加熱，撈除表面上的浮沫。接著加
   入冬粉、醬油後，再次蓋上鍋蓋，以小火煮 5 分鐘。加入
   梅乾後盛盤，依照個人喜好淋上麻油及辣油。

材料：3～4 人份

豬小里肌肉（塊狀）…250g

低筋麵粉…2 小匙

洋蔥…1 顆（200g）

鹽…½ 小匙

A 水煮番茄罐頭（丁狀）

　　…1 罐（400g）

　　紅腰豆（真空包裝）

　　…100g

　　紅酒（或是料理酒）…2 大匙

B 水…400ml

　　番茄醬（Ketchup）…3 大匙

　　辣椒粉…1 大匙

　　咖哩粉、大蒜（磨泥）

　　…各 1 小匙

　　鹽…½ 小匙

橄欖油…1 大匙

作法

1. 將豬肉切成 2cm 的塊狀，抹上低筋麵粉。洋蔥切成末。

2. 鍋內倒入橄欖油，以中火熱鍋，再放入洋蔥炒軟（圖a）。接著加入豬肉並撒鹽，約炒至半熟時（圖b），加入A，蓋上鍋蓋（圖c）。當蒸氣從鍋蓋邊緣散發時，調成小火蒸煮約 30 分鐘。

3. 打開鍋蓋，將表面的浮沫撈除，加入 B 後再次蓋上鍋蓋，以稍弱的中火煮約 10 分鐘。

a　洋蔥在鍋內與油份拌炒提出甜味，注意不要炒焦。

b　豬肉炒到表面變白，中間還是呈現微微的紅色為標準。

c　以洋蔥和番茄本身的水份蒸煮，讓鮮味凝聚在食材內。

Arrange!

咖哩飯

鍋內倒入「墨西哥辣肉醬豆子湯」（300ml）復熱過後，將咖哩塊（1 塊 / 市售）溶於湯內。將白飯盛盤（適量），淋上咖哩醬即可食用。

墨西哥辣肉醬豆子湯

 美國南部的鄉土料理,將絞肉、豆子、番茄及香料一起燉煮而成的湯料理。
畫龍點睛的辣椒粉讓風味更佳道地。

蒜味地瓜豬肉味噌湯

 地瓜的甜與味噌的鹹，
再加上大蒜的香氣達成美妙和諧的滋味。

材料：3〜4 人份

豬小里肌肉（塊狀）…250g

A 鹽、黑胡椒（粗粒）
　│…各 1 小撮
　│低筋麵粉…2 小匙

地瓜…1 條（250g）

大蒜（切薄片）…1 瓣份

料理酒…2 大匙

味噌…3 大匙

昆布高湯…600ml

奶油…10g

作法

1. 將豬肉切成 1cm 的厚度，再將 A 依序抹在豬肉上。地瓜清洗乾淨後，帶皮切成 3cm 厚度的半月形，先泡水 10 分鐘後瀝乾。

2. 鍋內放入奶油，開小火加熱使其融化，再加入大蒜。爆香後再加入地瓜、豬肉，豬肉炒至上色後，淋上酒蓋上鍋蓋。當蒸氣從鍋蓋邊緣散發時，調成小火蒸煮約 10 分鐘。

3. 打開鍋蓋，倒入昆布高湯後，再將味噌溶於湯內。再次蓋上鍋蓋，以小火煮約 30 分鐘。起鍋前將表面上的浮沫撈除即可。

麻婆豬肉高麗菜湯

吃起來像是不會辣的麻婆豆腐。
撒上山椒或是七味粉增加口味的變化也不錯。

材料：3～4人份

豬絞肉…200g
高麗菜…¼顆（300g）
韭菜…5根
生薑（切薄片）…2片份
鹽…1小撮
料理酒…3大匙
A 味噌…3大匙
│ 醬油…1大匙
麻油…1大匙
水…600ml

作法

1. 將高麗菜切成3cm大小的四方形。韭菜切成4cm長度的段狀。

2. 鍋內放入高麗菜、生薑、鹽與麻油混合均勻，淋上酒後，蓋上鍋蓋，以中火加熱。當蒸氣從鍋蓋邊緣散發時，調成小火蒸煮約15分鐘。

3. 打開鍋蓋調成中火，倒入水煮滾後，再加入絞肉。烹調絞肉的時候，可以用鍋鏟輕撥打散。沸騰之時，使其持續沸騰約30秒，並將表面上的浮沫撈起。接著加入A，再次蓋上鍋蓋，以小火煮約5分鐘。起鍋前加入韭菜煮約1～2分鐘即可。

Arrange!

麻婆風味冬粉

將「麻婆豬肉高麗菜湯」（200ml）倒入平底鍋內以中火煮過，冬粉（40g）不需泡發直接加入鍋內。蓋上鍋蓋煮至湯汁收乾，撒上黑胡椒（適量）。

法式多蜜醬肉丸百菇湯

善用市售的多蜜醬，
就可以輕鬆做出濃郁美味的感動料理。

材料：3～4 人份

豬絞肉…300g

洋蔥（切末）…1/6 顆（30g）

橄欖油…½ 小匙

鴻禧菇…1 包（100g）

舞菇…1 包（100g）

A 蛋液…1 顆份

　　麵包粉…6 大匙

　　鹽、黑胡椒（粗粒）…各 1 小撮

紅酒…2 大匙

多蜜醬罐頭…1 罐（290g）

鹽…½ 小匙

鮮奶油（乳脂含量 35%）…100ml

牛奶…300ml

作法

1. 在耐熱容器內放入洋蔥，以繞圈的方式淋上橄欖油。覆蓋上保鮮膜，放入微波爐加熱 2 分鐘（加熱時為了讓蒸氣適度揮散，以稍長的保鮮膜覆蓋容器，讓食材與保鮮膜之間留有較多的空間）。將鴻禧菇的根部切除撥散，舞菇則撥成一口大小。

2. 在容器內加入絞肉、1. 的洋蔥、A 混合捏勻，當黏性產生後捏成 2～3cm 的圓球狀，共計捏出 12 顆肉丸。

3. 鍋內放入鴻禧菇、舞菇，再放入 2.、紅酒、多蜜醬後蓋上鍋蓋，以小火煮約 20 分鐘。

4. 打開鍋蓋，倒入牛奶、撒鹽後調成中火加熱，起鍋前淋上鮮奶油。

韓式泡菜
絞肉湯

 以韓式鍋物料理爲靈感製成的麻辣湯品。

材料：3 ～ 4 人份

豬絞肉…200g

豆芽菜…1 包（200g）

日式大蔥…1 根

納豆…1 盒（50g）

白菜泡菜…150g

料理酒…2 大匙

醬油…1½ 大匙

水…600ml

作法

1. 將豆芽菜的鬚根去除。大蔥切成 3cm 的長度。大片的泡菜先切成小片。

2. 鍋內依序放入大蔥、豆芽菜、泡菜與納豆，蓋上鍋蓋以中火加熱。當蒸氣從鍋蓋邊緣散發時，調成小火蒸煮約 10 分鐘。

3. 打開鍋蓋，倒入水，以中火煮沸，再加入絞肉、酒、醬油。以鍋鏟將絞肉弄散，煮約 2 ～ 3 分鐘。撈除掉表面上的浮沫後，再次蓋上鍋蓋，以微弱的小火煮約 5 分鐘。

義式雜菜湯

菜名原文是「滿滿食材的湯品」之意，來自義大利的代表性湯料理。
可以選用不同的蔬菜，創造多樣變化，不過最經典的仍是美味的番茄湯頭。

材料：3 ～ 4 人份

培根（塊狀）… 200g

洋蔥… ½ 顆（100g）

紅蘿蔔… ½ 根（75g）

芹菜… ½ 根（75g）

大蒜（拍扁）… 2 瓣

水煮番茄罐頭（整顆 / 事先壓成泥）
… 1 罐份（400g）

鹽… 1 小匙

橄欖油… 2 大匙

水… 600ml

作法

1. 將培根切成 1cm 的塊狀。洋蔥、紅蘿蔔、芹菜葉柄切成 1cm 的塊狀。芹菜葉片取下備用。

2. 鍋內倒入橄欖油，以中火熱鍋，再加入大蒜炒過。待爆香後再加入培根、洋蔥、紅蘿蔔、芹菜柄、½ 小匙的鹽拌炒。待蔬菜炒至微微上色（圖a），再加入水煮番茄、芹菜葉，蓋上鍋蓋（圖b）。當蒸氣從鍋蓋邊緣散發後（圖c），調成小火蒸煮約 15 分鐘。

3. 打開鍋蓋，倒入水，加入 ½ 小匙的鹽。再次蓋上鍋蓋，以小火煮 10 分鐘。

a 讓食材在鍋內與油份拌炒，炒至微微上色的狀態。

b 最後再將味道強烈的芹菜葉放入，讓整體食材可以吸收芹菜的香氣。

c 冒出白色的水蒸氣就是調成小火的訊號。接下來就是小火慢燉，讓食材的鮮味凝聚其中。

Arrange!

料多多的焗烤飯

將熱過的白飯（150g）、奶油（5g）拌勻後放入焗烤盤內。再將「義式雜菜湯」（100g ～ 150g/ 瀝除湯汁）、水煮蛋（1 顆 / 切成圓片狀）、披薩用起司（50g）陸續放入，放入烤箱烤至金黃色的狀態。

培根番茄奶油濃湯

調味秘方是蠔油。
滿滿的鮮美滋味相當下飯。

材料：3～4人份

培根（塊狀）…200g

花椰菜…1顆（250g）

洋蔥…½顆（100g）

鹽…½小匙

A 水煮番茄罐頭（丁狀）

　…1罐份（400g）

　蠔油…2小匙

　大蒜（磨泥）…1小匙

牛奶…300ml

奶油…20g

作法

1. 將培根切成1cm厚度的條狀。花椰菜分切成小株，將莖桿部份的堅硬處切除，再切成薄片。洋蔥切成1.5cm的丁狀。

2. 鍋內放入奶油，以中火加熱融化，再加入洋蔥、培根拌炒。將洋蔥炒軟後，再放入花椰菜、鹽拌炒均勻，蓋上鍋蓋。當蒸氣從鍋蓋邊緣散發時，調成小火蒸煮約10分鐘。

3. 打開鍋蓋，加入A，再次蓋上鍋蓋以小火煮約10分鐘，起鍋前加入牛奶卽可。

維也納香腸奶油蛋濃湯

人氣款的義大利麵卡邦尼（培根奶油蛋麵）延伸變化的創意湯品。
咖哩粉的香氣襯托出整道料理的辛香風味。

材料：3～4 人份

維也納香腸…8 根
白菜…1/6 顆（300g）
菠菜…¼ 把（50g）
鹽、黑胡椒（粗粒）…各½ 小匙
咖哩粉…2 小匙
牛奶…400ml
鮮奶油…100ml
披薩用起司…50g
橄欖油…1 大匙

作法

1. 將香腸縱向切半。白菜切成 1cm 寬度的條狀。菠菜泡水 5 分鐘後瀝乾，再切成 4cm 長度的段狀。

2. 鍋內倒入橄欖油，開中火熱鍋，再放入香腸、白菜及鹽拌炒。將白菜炒軟後，再放入菠菜，蓋上鍋蓋。當蒸氣從鍋蓋邊緣散發時，調成小火蒸煮約 10 分鐘。

3. 打開鍋蓋，倒入牛奶，開中火加熱，再撒入咖哩粉。稍微熱過約 2 分鐘，放入鮮奶油、披薩用起司。起司溶解後，撒上黑胡椒即可。

 滿滿的萵苣是讓人回味無窮的美味。

材料：3～4人份

生火腿…100g

萵苣（撕碎）…½顆（250g）

鹽…1小撮

料理酒…2大匙

白芝麻醬、味噌…各2大匙

高湯…600ml

作法

1. 鍋內放入萵苣及鹽混合均勻，淋上酒後蓋上鍋蓋，以中火加熱。當蒸氣從鍋蓋邊緣散發時，調成小火蒸煮約10分鐘。

2. 打開鍋蓋，倒入高湯加熱，並將芝麻醬與味噌溶於湯中。起鍋前加入生火腿，稍微熱過約1分鐘即可。

生火腿萵苣芝麻風味湯

 顆粒狀芥末的酸味與生薑的香氣勾人食慾。

材料：3～4人份

生火腿…100g

高麗菜…¼顆（300g）

鹽…½小匙

料理酒…2大匙

生薑（切絲）…2片份

顆粒芥末醬…2小匙

雞高湯…600ml

作法

1. 將生火腿切成一口大小。高麗菜則切成3cm的四方形。

2. 鍋內放入高麗菜、鹽、薑絲混合均勻，淋酒後蓋上鍋蓋，以中火加熱。當蒸氣從鍋蓋邊緣散發時，調成小火蒸煮約15分鐘。

3. 打開鍋蓋，加入雞高湯、顆粒芥末加熱，再加入生火腿，熱過約1分鐘即可。

生火腿高麗菜芥末風味湯

櫻花蝦、大蒜和魚露的鮮味融爲一體。

材料：3～4 人份

切片火腿…8 片

杏鮑菇…1 包（100g）

蓮藕…100g

大蒜（切末）…1 瓣

櫻花蝦（切細碎）…2 大匙

A 魚露…1 大匙

　　砂糖…1 小匙

　　水…600ml

麻油…1 大匙

作法

1. 將火腿以放射狀切成 4 等分。杏鮑菇將根部硬處去除後切半，再縱切成薄片。蓮藕削皮後，切成 5mm 厚度的半月形，泡水 10 分鐘後瀝乾。

2. 鍋內倒入麻油，以小火熱鍋，加入大蒜、櫻花蝦拌炒。待大蒜爆香後，調成中火，加入火腿、杏鮑菇、蓮藕快炒。再加入 A 後蓋上鍋蓋，以稍弱的中火煮約 10 分鐘。

火腿蓮藕南洋風味湯

 自然溫醇的甘甜，讓人喝了心情愉悅。

材料：3～4 人份

切片火腿（切半後再分切成1cm　　奶油…20g
寬度的片狀）…7 片份（70g）　　水…200ml

地瓜…1 根（250g）

鹽…½ 小匙

牛奶…400ml

作法

1. 地瓜清洗乾淨後，連皮切成 1.5cm 的塊狀，泡水 10 分鐘後瀝乾。

2. 鍋內放入奶油，開中火加熱融化，放入地瓜及鹽拌炒。將食材與奶油拌勻後，加入火腿和水，蓋上鍋蓋，以小火煮約 10 分鐘。起鍋前倒入牛奶，以稍弱的中火熱過卽可。

火腿地瓜牛奶湯

鹽麴海帶芽
牛肉湯

 調味僅加了鹽麴。
簡單清爽的味道,百喝不膩。

材料:3～4 人份

牛肉切片…200g

海帶芽 (乾燥)…1 大匙

白菜葉片…4 片 (200g)

生薑 (切絲)…2 片

鹽麴 (市售)…3 大匙

白芝麻…2 小匙

昆布高湯…600ml

麻油…2 小匙

作法

1. 將白菜切成 1cm 的寬度,放入調理器皿內,加入生薑、鹽麴拌勻,靜置約 20 分鐘。牛肉切成一口大小。

2. 鍋內依序將白菜、牛肉排列放入,淋上麻油,蓋上鍋蓋,以中火加熱。當蒸氣從鍋蓋邊緣散發時,調成極弱的小火蒸煮約 15 分鐘。

3. 打開鍋蓋,放入昆布高湯、海帶芽、白芝麻。再次蓋上鍋蓋,以稍弱的中火煮約 3 ～ 4 分鐘。

優格燉牛肉
奶油濃湯

 味道溫潤的西洋料理，
再加入醬油的話，就是適合下飯的一道湯品。

材料：3～4 人份

牛肉切片…200g

洋蔥…1 顆（200g）

蘑菇（白）…10 朵

醬油…1 大匙

原味優格（無糖）…200g

鹽…1 小匙

牛奶…400ml

奶油…20g

作法

1. 將牛肉切成一口大小。洋蔥則順紋切成 5mm 寬度的薄片。蘑菇縱向切半。

2. 鍋內放入奶油，以中火加熱融化，再放入洋蔥、醬油拌炒。當洋蔥炒至上色時，再放入蘑菇、牛肉，拌炒約 1 分鐘。

3. 加入優格、鹽，拌勻後蓋上鍋蓋，以微弱的小火煮約 10 分鐘。倒入牛奶，以稍弱的中火熱過即可。

匈牙利牛肉湯

 使用牛肉和彩椒做成匈牙利風燉湯的簡易版本。
簡單樸實的美味。

材料：3～4人份

牛肉切片…200g

紅色彩椒…1 顆（150g）

紅蘿蔔…½ 根（75g）

大蒜（切薄片）…1 瓣

A 水煮番茄罐頭（丁狀）…1 罐（400g）

　　鷹嘴豆（真空包裝）…50g

　　紅酒…4 大匙

　　魚露…2 大匙

橄欖油…1 大匙

水…200ml

作法

1. 將牛肉切成一口大小。彩椒則將蒂頭與籽去除，切成
   1.5cm 的丁狀。紅蘿蔔切成 5mm 寬度的半月形。

2. 鍋內倒入橄欖油，開小火熱鍋，放入大蒜，開始爆香後，
   調成中火加熱，放入彩椒、紅蘿蔔一起拌炒。當鍋內食材
   皆拌勻後，加入 A 蓋上鍋蓋。當蒸氣從鍋蓋邊緣散發時，
   改以微弱的小火蒸煮約 15 分鐘。

3. 打開鍋蓋，倒入水，持續加熱煮沸，再放入牛肉。再次蓋
   上鍋蓋，煮約 7 ～ 8 分鐘，撈起表面上的浮沫即可。

壽喜燒蔥香牛肉湯

豪華的壽喜燒以湯料理的方式呈現，煎到焦香的大蔥，
帶來的黏稠甘甜口感更爲凸顯，是令人印象深刻的重要配角。

材料：3～4人份

牛肉切片…200g

日式大蔥…2根

金針菇…1包（200g）

鹽…¼小匙

A 高湯…600ml

　｜醬油…2大匙

　｜料理酒、味醂…各1大匙

麻油…1大匙

溫泉蛋（市售）…3～4顆

山椒粉…適量

作法

1. 將牛肉切成一口大小。大蔥則切成5cm的長度。金針菇切除根部堅硬的部份，再切半撥散。

2. 鍋內倒入麻油，以中火熱鍋，放入大蔥煎。煎到上色後，加入牛肉、金針菇、鹽，拌炒約1分鐘，再加入A。蓋上鍋蓋，以稍弱的中火煮約10分鐘，並將表面的浮沫撈除。依照人數盛盤，在每碗湯上放溫泉蛋，再依照個人喜好撒上山椒粉。

牛肉白菜 味噌豆乳湯

材料：3～4 人份

牛絞肉…200g

白菜葉…3 片（300g）

大蒜（切末）…1 瓣份

鹽…¼ 小匙

日式豆乳（無調整成份）…400ml

A 味噌…3 大匙

　芝麻粉（白）…1 大匙

麻油…1 大匙

辣油…適量

水…200ml

 吃得到芝麻與大蒜的日式擔擔麵風味湯料理。
可以再淋上辣油更夠味！

作法

1. 將白菜切成 1cm 的寬度。

2. 鍋內倒入麻油，以小火熱鍋，放入大蒜，開始爆香後，調成中火並加入絞肉。烹調絞肉時，使用鍋鏟輕撥打散。

3. 加入白菜、水、鹽拌勻，蓋上鍋蓋。當蒸氣從鍋蓋邊緣散發時，調成極弱的小火蒸煮約 15 分鐘。接著打開鍋蓋，加入豆乳、A 拌勻，再次調成中火加熱。盛盤後，可依照個人喜好淋上辣油。

牛絞肉韓式辣醬湯

 比起想像中的味道來得溫和。
喝起來恰到好處,麻辣口味的韓國風湯料理。

材料:3~4人份

牛絞肉…200g
洋蔥…2顆(400g)
青蔥…4根
鹽…½小匙
料理酒…2大匙
A 大蒜、生薑(分別磨泥)
　│ …各1小匙
　│ 醬油…2大匙
　│ 韓式辣醬、味噌…各1大匙
麻油…1大匙
辣椒絲…適量
水…600ml

作法

1. 將洋蔥切成1cm寬度的薄片。青蔥則切成3cm長度的段狀。

2. 鍋內倒入麻油,以中火熱鍋,放入洋蔥、鹽拌炒,蓋上鍋蓋(圖a)。當蒸氣從鍋蓋邊緣散發時,調成小火蒸煮約10分鐘。

3. 打開鍋蓋,倒入水,以中火加熱。待沸騰後,再加入絞肉、酒。烹調絞肉的時候,搭配鍋鏟輕撥打散(圖b),並將表面上的浮沫撈除。接著將A溶於湯內(圖c),以稍弱的中火煮約5分鐘,加入青蔥稍稍溫熱過。盛盤後,可以擺上適量的辣椒絲點綴。

a 將洋蔥炒軟的步驟,整體拌勻的狀態即可。

b 以鍋鏟翻攪鍋中絞肉,使其成為鬆散的肉末狀。

c 使用濾網讓味噌溶於湯內。

Arrange!

韓式雞蛋泡飯

鍋內放入「牛絞肉韓式辣醬湯」(200ml)、白飯(100g),煮約2分鐘。起鍋前將蛋液(適量)以劃圓的方式倒入。可以適量撒上黑胡椒更好吃。

卡門貝爾起司牛肉茄子湯

以昆布高湯爲基底的清爽口味。
將起司溶於湯內一起享用。

材料：3～4 人份

牛絞肉⋯200g

茄子⋯2 根（160g）

白蘿蔔⋯100g

鹽⋯½ 小匙

昆布高湯⋯600ml

A 巴沙米可醋⋯3 大匙

│醬油⋯1 大匙

卡門貝爾起司（切分好形式）

⋯4 片

橄欖油⋯1 大匙

作法

1. 將茄子、白蘿蔔切成 1cm 的塊狀。卡門貝爾起司則縱向切
   對半。

2. 鍋內倒入橄欖油，以中火熱鍋，放入茄子、白蘿蔔及鹽拌
   炒。將茄子炒軟後，蓋上鍋蓋。當蒸氣從鍋蓋邊緣散發
   時，改以微弱的小火蒸煮約 10 分鐘。

3. 打開鍋蓋，加入昆布高湯，以中火加熱，接著放入牛肉、
   A，以調理筷稍微拌散食材，再蓋上鍋蓋，以稍弱的中火
   煮 5 分鐘，並將表面上的浮沫撈起。盛盤並放上卡門貝爾
   起司。

蜂蜜芥末
牛肉小松菜湯

煮軟的小松菜搭配西式的調味。
一入口是甜味與酸味平衡的並進，
和洋風格融爲一體，展現出相當契合的滋味。

材料：3～4人份

牛絞肉…200g

小松菜…2把（100g）

洋蔥…1顆（200g）

鹽…½小匙

白酒（或料理酒）…2大匙

A 醬油…2大匙
　　顆粒芥末醬、蜂蜜…各1大匙
　　大蒜（磨泥）…2小匙

橄欖油…1大匙

水…600ml

作法

1. 將小松菜切成4cm的長度。洋蔥切末。

2. 鍋內倒入橄欖油，以中火熱鍋，加入洋蔥與鹽拌炒。將洋蔥炒軟後，再加入白酒，蓋上鍋蓋。當蒸氣從鍋蓋邊緣散發時，調成微弱的小火蒸煮約10分鐘。

3. 打開鍋蓋，倒入水，以稍弱的中火加熱，放入絞肉。一邊以調理筷拌散絞肉成肉末狀，煮約5分鐘，並將表面上的浮沫撈起。最後放入小松菜、A，煮約2～3分鐘。

staub 鑄鐵鍋

再多加一道菜！

蒸煮醃漬料理

食材滿滿的湯料理，再搭配上白飯或麵包，或許就能十分滿足。如果再多加一道清爽調味的醃漬配菜，就能讓整頓飯的菜色更豐富。這邊將介紹使用 staub 鑄鐵鍋就能製作，色彩繽紛的蒸煮蔬菜醃漬料理。

美式肯瓊彩椒漬物

美國南部的特有料理。
香料的氣味促人食慾。

材料：2～3 人份

彩椒（紅、橙色 / 或個人喜好的顏色）…各 1 小顆
鹽…¼ 小匙
白酒（或料理酒）…3 大匙
A 日式大蔥（切末）…½ 根
　番茄醬…3 大匙
　辣椒醬、咖哩粉、奧勒岡葉（乾燥）、大蒜（磨泥）
　…各 ½ 小匙

作法

1. 將彩椒切成 1.5 ～ 2cm 的塊狀。

2. 鍋內放入彩椒、鹽、白酒攪拌均勻，蓋上鍋蓋，以中火加熱。當蒸氣從鍋蓋邊緣散發時，調成極弱的小火蒸煮約 15 分鐘。

3. 打開鍋蓋，加入 A，拌勻即可。

迷迭香柚汁櫛瓜

青綠爽口的迷迭香與清恬的櫛瓜交織出的
漬物風味。

材料：2～3 人份

櫛瓜（綠、黃）⋯各 1 根（300g）

A 迷迭香⋯4 根
  白酒（或料理酒）⋯3 大匙
  鹽⋯¼ 小匙

B 橄欖油⋯2 大匙
  柚子汁⋯1½ 大匙
  鹽⋯1 小撮

作法

1. 用削皮刀將櫛瓜以間隔的方式去皮，再切成
   1.5cm 的寬度。

2. 鍋內放入櫛瓜、A 拌勻，蓋上鍋蓋以中火加
   熱。當蒸氣從鍋蓋邊緣散發時，調成微弱的
   小火蒸煮約 15 分鐘。

3. 將 B 放入 2. 拌勻，取出迷迭香的葉柄即可。

開心果紫高麗菜
油醋漬物

可以品嚐到開心果與蔬菜的雙重口感。
冰過再吃會是不同的風味體驗。

材料：2～3 人份

紫高麗菜⋯¼ 顆（350g）

開心果（鹹味 / 去殼）⋯20g

A 黑橄欖（無籽 / 切薄片）⋯20g
  橄欖油⋯1 大匙
  鹽⋯½ 小匙

B 白酒醋（可使用一般醋替代）⋯2 大匙
  橄欖油⋯1 大匙
  蜂蜜⋯2 小匙

作法

1. 將紫高麗菜切成 3cm 的四方形。開心果敲碎
   （不需敲太細碎）。

2. 鍋內放入紫高麗菜、開心果、A 混合後，蓋上
   鍋蓋，以中火加熱。當蒸氣從鍋蓋邊緣散發
   時，調成極弱的小火蒸煮約 15 分鐘。

3. 打開鍋蓋，加入 B 拌勻即可。

薑絲奶香鯷魚蓮藕

生薑與胡椒的辛辣夠味！
脆脆的口感讓人一口接著一口。

材料：2 ～ 3 人份

蓮藕…300g

鯷魚（魚片）…6 片（20g）

生薑（切絲）…1 片

白酒…3 大匙

奶油…10g

A 醋…2 大匙
｜ 醬油、黑胡椒（粗粒）…各 1 小匙

作法

1. 將蓮藕去皮，切成 7mm 寬度的圓片，泡水 15 分鐘後瀝乾。鯷魚切成 3 ～ 4mm 的末狀。

2. 鍋內放入蓮藕、鯷魚、生薑拌勻，淋入白酒，放入奶油後蓋上鍋蓋，以中火加熱。當蒸氣從鍋蓋邊緣散發時，調成極弱的小火蒸煮約 15 分鐘。

3. 打開鍋蓋，加入 A 後拌勻即可。

櫻花蝦青江菜魚露漬物

櫻花蝦搭配鹽昆布及魚露，
鮮味食材的大集合！

材料：2 ～ 3 人份

青江菜…2 株（200g）

櫻花蝦…2 大匙

鹽昆布（切絲）…1 大匙

料理酒…2 大匙

A 檸檬汁…1 大匙
｜ 魚露、麻油…各 2 小匙

作法

1. 將青江菜的根部切除。

2. 鍋內放入青江菜、櫻花蝦及鹽昆布混合均勻，淋入酒後，蓋上鍋蓋以中火加熱。當蒸氣從鍋蓋邊緣散發時，調成極弱的小火蒸煮約 5 分鐘。

3. 打開鍋蓋，加入 A，拌勻即可。

海鮮 × 蔬菜的湯料理

第四章

滿滿蛤蜊的巧達濃湯、以蝦類熬製的正宗法式濃湯，
還有加入了鹽漬鱈魚片和鹽漬鮭魚片，輕鬆就可以完成的湯料理。
滿滿鮮味的各式海鮮湯料理，喝起來格外有滋有味。
只要活用罐頭及冷凍食品的話，還有許多小點子也不容錯過。

美式蛤蜊奶油濃湯

發源於美國東岸的白醬濃湯。
英文原文中的「Clam」意指兩扇貝的意思,在當地以蚌蠣爲主要食材,在日本則以容易入手的蛤蜊爲主流。這是全家大小都會喜歡,暖心療癒的好味道。

材料:3 ~ 4 人份

蛤蜊(吐沙過)…300g
培根(塊狀)…100g
馬鈴薯…1 顆(200g)
洋蔥…½ 顆(100g)
A 鮮奶油…100ml
　低筋麵粉…1 大匙
白酒…100ml
鹽…1 小匙
奶油…20g
水…400ml

作法

1. 將蛤蜊的殼搓洗乾淨。培根、馬鈴薯切成 1cm 的塊狀。洋蔥切末。將 A 拌勻備用。

2. 平底鍋內放入蛤蜊、白酒,蓋上鍋蓋,以中火加熱。當蛤蜊開口時即可熄火,去殼取出貝肉(圖 a)。將湯汁留存備用。

3. 鍋內放入奶油,加熱融化。放入培根、馬鈴薯、洋蔥、½ 小匙的鹽,以中火拌炒。當蔬菜被炒軟時,倒入水(圖 b),蓋上鍋蓋以小火煮約 10 分鐘。

4. 打開鍋蓋,加入 2. 的蛤蜊及其湯汁、½ 小匙鹽,加熱至沸騰。最後倒入 A(圖 c),以稍弱的中火稍稍熱過即可。

a 將蛤蜊的貝肉取出。吸收了蛤蜊鮮味的湯汁,也留下備用。

b 將鍋內的蔬菜與奶油以及培根拌勻煮軟。

c 爲了避免讓鮮奶油結塊,加入後要留意不要煮沸。

Arrange!

巧達吐司

吐司(6 片裝 /1 片)上方依序擺上起司片(1 片)、「美式蛤蜊奶油濃湯」(瀝除湯汁 /50g),撒上些許黑胡椒。放入烤箱烤至金黃上色。

蛤蜊馬賽魚湯

 南法普羅旺斯地區代表性的海鮮料理。
加入了海鮮與香料蔬菜一起燉煮，請沾上大蒜蛋黃醬一同品味。

材料：3～4 人份

蛤蜊（吐沙過）…300g

芹菜…1 根（150g）

大蒜（拍扁）…1 片份

白酒…200ml

A 水…300ml

　番茄汁（無鹽）…200ml

　鹽…1 小匙

　羅勒（乾燥）…½ 小匙

橄欖油…1 大匙

B 美乃滋…4 大匙

　大蒜（磨泥）…½ 小匙

作法

1. 將蛤蜊的殼搓洗乾淨。將芹菜梗斜切約 5mm 的寬度，葉片則切成不規則狀。

2. 鍋內倒入橄欖油，以小火熱鍋，放入大蒜拌炒。開始爆香後，放入芹菜梗翻炒（圖 a），再放入蛤蜊、白酒，蓋上鍋蓋（圖 b），以小火蒸煮約 5 分鐘。

3. 打開鍋蓋，加入 A 後再次蓋上鍋蓋，以稍弱的中火煮約 7～8 分鐘。再次打開鍋蓋，放入芹菜葉片拌勻（圖 c）。盛盤後，佐以拌好的 B（大蒜蛋黃醬）一同享用。可以再依照個人喜好，撒上切過的芹菜葉片（份量外）。

a 翻炒至全體食材沾上油色，呈現薄薄的上色樣態。

b 將蛤蜊蒸到開口時，表示鮮美的湯汁也釋放出來了。

c 為了不損及芹菜葉的香氣與口感，加入芹菜葉片時輕輕拌入湯裡即可。

Arrange!

西班牙海鮮燉飯風雜炊

鍋內放入「蛤蜊馬賽魚湯」（200ml）、白飯（100g），加熱 2～3 分鐘。

法式鮮蝦濃湯

來自法國，綿密口感的鮮蝦濃湯。
湯裡匯聚著甲殼類濃厚的鮮美元素。

材料：3～4人份

蝦子（帶殼／有頭）…8 隻

洋蔥…1 顆（200g）

鹽…1 小匙

A 白酒（或料理酒）… 4 大匙

　水煮番茄（罐頭／丁狀）

　…1 罐（400g）

鮮奶油…100ml

奶油…20g

水…200ml

作法

1. 去除蝦頭、蝦殼與腳，切掉尾巴、去除腸泥，再將蝦子切半。蝦頭留下備用。洋蔥則順紋切成 5mm 寬度的薄片。

2. 鍋內放入奶油，加熱融化，加入洋蔥與 ½ 小匙的鹽，以中火拌炒。洋蔥炒軟後，再加入蝦子、A，蓋上鍋蓋。當蒸氣從鍋蓋邊緣散發時，調成極弱的小火蒸煮約 15 分鐘。

3. 打開鍋蓋，倒入水、½ 小匙鹽，以稍弱的中火持續加熱。開始冒泡沸騰時，再把 1. 的蝦頭放入鍋內，以鍋鏟按壓使蝦膏能溶於湯內，再取出蝦頭。

4. 稍微放涼過後，以手持攪拌棒將 3. 攪拌至滑順的狀態。最後再放回鍋裡，加入鮮奶油，以稍弱的中火加熱即可。

泰式酸辣湯（冬蔭功）

泰式經典料理。
酸辣的爽快感刺激味蕾，讓人欲罷不能的美味。

材料：3～4 人份

蝦子（帶殼／有頭）…6 隻
鴻禧菇…1 包（100g）
水煮竹筍…150g
豆芽菜…½ 包（100g）
料理酒…2 大匙
A 魚露…2 大匙
　檸檬汁…1 大匙
　豆瓣醬…1 小匙
香菜（切段）…適量
水…600ml

作法

1. 去除蝦頭、蝦殼與腳，剝掉尾巴、去除腸泥，將蝦子切半。蝦頭留下備用。鴻禧菇將根部切除撥散。竹筍則切成 5mm 寬度的薄片。豆芽菜可以的話，將其鬚根拔除。

2. 鍋內依序放入豆芽菜、鴻禧菇、竹筍、蝦子、蝦頭，再淋上酒，蓋上鍋蓋以中火加熱。當蒸氣從鍋蓋邊緣散發時，調成極弱的小火蒸煮約 10 分鐘。

3. 打開鍋蓋，倒入水，以稍弱的中火加熱。開始冒泡沸騰時，再放入 1. 的蝦頭，以鍋鏟按壓使蝦膏能溶於湯內，取出蝦頭。最後加入 A 拌勻，即可盛盤，依照個人喜好擺上香菜。

梅子蘿蔔泥
鹽鱈湯

 蘿蔔泥與昆布高湯的湯底,使人感到暖心的味道。

材料:3〜4 人份

鹽漬鱈魚(切片)…2 片
鹽…少許
萵苣…½ 顆(200g)
白蘿蔔(磨泥)…300g
料理酒、醬油…各 2 大匙
昆布高湯…400ml
梅乾(去籽以刀具拍成泥狀)…3 顆份

作法

1. 將鱈魚分切成 4 等分,去除掉大塊魚骨,抹鹽靜置約 10 分鐘,出水後以紙巾擦拭。萵苣撕碎成適口大小。

2. 鍋內放入蘿蔔泥(連同汁液)、鱈魚、酒、醬油,蓋上鍋蓋,以小火蒸煮約 10 分鐘。

3. 打開鍋蓋,倒入昆布高湯,煮到沸騰時放入萵苣,蓋上鍋蓋。以小火煮約 5 分鐘,再放入梅乾拌勻即可。

酒粕
鹽漬鮭魚湯

 喝了身心會被療癒的味道，
冬日裡不可或缺的一品湯料理。

材料：3～4人份

鹽漬鮭魚（切片）⋯2片

白菜葉⋯4片（400g）

料理酒⋯2大匙

鹽⋯¼小匙

昆布高湯⋯600ml

酒粕（抹醬狀）⋯100g

白味噌⋯3大匙

作法

1. 將鮭魚分切成4等分。白菜則切成3～4cm的四方形。

2. 鍋內放入白菜與鹽混合，再將鮭魚放置其上，倒入酒，蓋上鍋蓋，以中火加熱。當蒸氣從鍋蓋邊緣散發時，調成極弱的小火蒸煮約15分鐘。

3. 打開鍋蓋，倒入昆布高湯，開始沸騰後再加入酒粕與味噌，溶入湯內，煮約5分鐘。

水煮蛋洋蔥湯

 完成時再擺上水煮蛋。
洋蔥的甘甜喝了讓人覺得療癒放鬆。

材料：3～4人份

水煮蛋…3～4顆

洋蔥…2顆（400g）

醬油…1大匙

雞高湯…600ml

奶油…20g

巴西里葉（乾燥）…適量

作法

1. 將水煮蛋分切成4瓣。洋蔥則順紋切成1cm的寬度。

2. 鍋內放入奶油，以中火加熱融化，再放入洋蔥拌炒。炒軟後，再加入醬油，蓋上鍋蓋。當蒸氣從鍋蓋邊緣散發時，調成極弱的小火蒸煮約10分鐘。

3. 打開鍋蓋，倒入雞高湯，以稍弱的中火煮約3～4分鐘。盛盤放上水煮蛋，撒上些許巴西里葉即可。

雞蛋萵苣味噌湯

 完全無添加油的湯料理。
藉由味噌使湯頭更添韻味。

材料：3～4人份

蛋液…2 顆份
萵苣…½ 顆（200g）
鹽…¼ 小匙
高湯…600ml
味噌…3 大匙

作法

1. 將萵苣切成 1cm 寬度的細絲。

2. 鍋內放入萵苣、鹽拌勻後，蓋上鍋蓋，以中火加熱。當蒸氣從鍋蓋邊緣散發時，調成極弱的小火蒸煮約 10 分鐘。

3. 打開鍋蓋，倒入高湯，以稍弱的中火加熱，煮沸後以劃圓的方式淋入蛋液，蛋花浮現時再將味噌溶入湯內。

水波蛋咖哩湯

以高湯爲基底製成的咖哩湯。
加入韭菜帶出不同層次感的風味。

材料：3 ～ 4 人份

雞蛋…3 ～ 4 顆
高麗菜葉…4 片（200g）
韭菜…2 根
大蒜（切薄片）…1 瓣份
鹽…½ 小匙
A 高湯…600ml
│ 蠔油、咖哩粉…各 1 大匙
橄欖油…1 大匙

作法

1. 將高麗菜切成 3cm 的四方形。韭菜切成 4cm 的長度。

2. 鍋內倒入橄欖油，以小火熱鍋，加入大蒜拌炒。開始爆香後，加入高麗菜、鹽稍稍拌勻，再將大蒜置於高麗菜葉上方，蓋上鍋蓋，以中火加熱。當蒸氣從鍋蓋邊緣散發時，調成極弱的小火蒸煮約 15 分鐘。

3. 打開鍋蓋，加入 A 以稍弱的中火加熱，開始沸騰後，再加入韭菜，將雞蛋打入湯內。再次蓋上鍋蓋，以小火煮約 2 分鐘。

泡菜酸辣蛋花湯

 白菜漬物越發酵酸味越強烈，
依照個人喜好的口味酌量使用。

材料：3～4 人份

蛋液…2 顆份
泡菜（市售）…200g
香菇…4 朵
太白粉…1 大匙
雞高湯…600ml
醬油…1 大匙
麻油…1 小匙
辣油…適量

作法

1. 將泡菜切成適口大小，稍稍瀝過湯汁。香菇的菌傘切成 5mm 的香菇絲，蒂頭切成薄片。太白粉溶於同比例的水中（太白粉水）。

2. 鍋內放入泡菜、香菇、雞高湯，蓋上鍋蓋，以稍弱的中火煮 5 分鐘。

3. 打開鍋蓋，倒入醬油，以稍弱的中火加熱，開始沸騰後，再次攪拌太白粉水，以劃圓的方式淋入。火力加強，再以劃圓方式倒入蛋液，接著加入麻油，煮 1～2 分鐘。盛盤，依照個人喜好淋上辣油。

豆皮雞蛋湯

 在這道料理中，捨棄了一絲一絲蛋花的作法，
只爲了吃到大片有口感的蛋塊。

材料：3～4 人份

蛋液…2 顆份
白菜葉…3 片（300g）
油炸豆皮…1 片
鹽…½ 小匙
高湯…600ml
醬油…1 大匙
橄欖油…2 小匙

作法

1. 白菜切成 3cm 的寬度。炸油豆皮則切成 2cm 寬度的條狀。

2. 鍋內倒入橄欖油，以中火熱鍋，加入白菜與鹽拌勻。再加入炸油豆皮，蓋上鍋蓋。當蒸氣從鍋蓋邊緣散發時，調成極弱的小火蒸煮約 15 分鐘。

3. 打開鍋蓋，倒入高湯、醬油，以稍弱的中火加熱。開始沸騰後，快速地倒入蛋液，以調理筷輕輕攪拌卽可。

 加入了韓式嫩豆腐的鍋料理。
白菜泡菜將在鍋內釋放出好滋味。

材料：3～4 人份

絹豆腐…1 塊（300g）

金針菇…1 包（100g）

白菜泡菜…200g

A 雞高湯…600ml

　醬油、芝麻粉（白）…各 1 大匙

　大蒜（磨泥）…1 小匙

作法

1. 將豆腐切成 3cm 的丁狀。金針菇則切除根部後撥散。泡菜切成適口大小。

2. 鍋內依序放入金針菇、豆腐、泡菜，再放入 A，蓋上鍋蓋，以稍弱的中火煮約 15 分鐘。

韓式純豆腐泡菜湯

 以沖繩的雜炒料理爲發想的一道料理。
可以細細品嚐苦瓜的味道。

材料：3～4 人份

木綿豆腐（板豆腐）…1 塊（300g）

沖繩山苦瓜…½ 根（100g）

洋蔥…½ 顆（100g）

鹽…½ 小匙

高湯…600ml

醬油…1 大匙

麻油…1 大匙

柴魚片…1 包（2～3g）

作法

1. 將豆腐弄碎成一口大小。苦瓜則縱向對切，去除瓜瓤，切成 5mm 的寬度。洋蔥則以「櫛切」的方式，切成 1cm 厚度的片狀。

2. 鍋內倒入麻油，加入苦瓜、洋蔥、¼ 小匙鹽拌勻，以中火拌炒。蔬菜炒軟後，再放入豆腐，蓋上鍋蓋。當蒸氣從鍋蓋邊緣散發時，調成極弱的小火蒸煮約 10 分鐘。

3. 打開鍋蓋，加入高湯、¼ 小匙鹽、醬油，開始沸騰後，再持續煮 3～4 分鐘，撒上柴魚片即可。

沖繩豆腐苦瓜湯

豆瓣醬的辣味和味噌的後韻，
是大家都會喜歡的麻婆風湯料理。

材料：3～4人份

木綿豆腐（板豆腐）⋯1塊（300g）

日式大蔥⋯½根

大蒜⋯1瓣

太白粉⋯1大匙

雞高湯⋯600ml

A 味噌、醬油⋯各1大匙

│ 豆瓣醬⋯1小匙

麻油⋯1大匙

花椒粉（建議粗粒）⋯適量

作法

1. 將豆腐切成3cm的丁狀。大蒜、蔥切成細末狀。太白粉則與水以1:1的比例調配拌勻（太白粉水）。

2. 鍋內倒入麻油，以小火熱鍋，加入大蒜、蔥拌炒。開始爆香後，再加入豆腐、雞高湯。

3. 開始沸騰後，將A溶於鍋內，蓋上鍋蓋以小火煮約5分鐘。打開鍋蓋，再次攪拌太白粉水，以劃圓的方式淋入鍋內勾芡，可以再依照個人喜好撒上花椒粉。

麻婆豆腐湯

 嫩豆腐搭配榨菜的清脆口感，兩種極端的口感在這道料理中形成了有趣的對比。

材料：3～4人份

絹豆腐（嫩豆腐）⋯1塊（300g）

日式大蔥⋯1根

鹽⋯1小撮

日式豆乳（無調整成份）⋯400ml

榨菜（調味）⋯80g

麻油⋯1大匙

作法

1. 將大蔥切成2cm長度的圓片狀。榨菜則切成略粗的碎末狀。

2. 鍋內倒入麻油，以中火熱鍋，加入大蔥、鹽拌炒。蓋上鍋蓋後，以極弱的小火加熱，煮約5分鐘。

3. 打開鍋蓋，加入豆乳、榨菜，以稍弱的中火煮，開始沸騰時再將豆腐用湯匙挖進湯裡。

榨菜豆腐豆乳湯

奧勒岡葉
豆腐奶油湯

 清爽香氣的奧勒岡葉與香醇的奶油，
兩種不同風味搭配起來就是美味。

材料：3 ～ 4 人份

日式燒豆腐…1 塊（300g）

秋葵…8 根

番茄…1 顆（150g）

鹽…½ 小匙

雞高湯…500ml

奶油…20g

奧勒岡葉（乾燥）…1 小匙

編注：日式燒豆腐就是炙燒過的木綿豆腐
（板豆腐），可以用板豆腐自行炙燒替代。

作法

1. 將燒豆腐切成 1.5cm 大小的丁狀。將山葵的蒂頭與前端花
   萼粗硬的表皮去除，斜切對半。番茄則同樣切成 1.5cm 的
   丁狀。

2. 鍋內放入奶油，以中火加熱融化，再放入燒豆腐、番茄、
   鹽快炒，蓋上鍋蓋。當蒸氣從鍋蓋邊緣散發時，調成極弱
   的小火蒸煮約 10 分鐘。

3. 打開鍋蓋，加入雞高湯持續加熱，開始沸騰後再加入秋
   葵，撒入奧勒岡葉，再次蓋上鍋蓋煮 3 分鐘。

梅子油豆腐
海帶芽湯

 屬於豆腐家族的油豆腐，不容易煮爛的特性，
是最適合當成湯料理的食材。

材料：3～4 人份

油豆腐…1 塊（300g）

白蘿蔔…200g

麻油…2 小匙

鹽…1 小撮

雞高湯…600ml

海帶芽（乾燥）…1 大匙

蠔油…1 大匙

梅乾（去籽以刀具拍成泥狀）…3 顆份

作法

1. 將油豆腐切成 2cm 的丁狀。白蘿蔔則用刨刀刨成粗一點
   的緞帶狀。

2. 鍋內放入 1.、麻油、鹽混合均勻，以中火加熱。當蒸氣從
   鍋蓋邊緣散發時，調成極弱的小火蒸煮約 10 分鐘。

3. 打開鍋蓋，倒入雞高湯，以稍弱的中火加熱，開始沸騰後
   再加入海帶芽、蠔油，接著再次蓋上鍋蓋，煮約 5 分鐘。
   起鍋前加入梅乾，稍稍煮過即可。

日式牛蒡豆腐卷纖湯

源自於日本的精進料理，加入滿滿的蔬菜，是具有代表性的日式湯料理。
使用油豆腐的話，就不需要再瀝乾豆腐，可以節省作業時間，
還可以依照個人喜好加入香菇等食材。

材料：3～4 人份

油豆腐…1 塊（300g）
牛蒡…½ 根（100g）
紅蘿蔔…1/3 根（50g）
白蘿蔔…100g
蒟蒻…½ 片（100g）
醬油…2 大匙
料理酒…1 大匙
鹽…½ 小匙
高湯…600ml
麻油…1 大匙
七味辣椒粉…適量

作法

1. 將油豆腐切成 1.5cm 的丁狀。牛蒡先以刀背削去粗糙的外皮，再用削鉛筆的方式削下牛蒡絲，放入水中浸泡 10 分鐘。紅蘿蔔與白蘿蔔則切成 5mm 寬度的扇形。蒟蒻切成方便入口的條狀。

2. 鍋內倒入麻油，以中火熱鍋，放入牛蒡、紅蘿蔔、白蘿蔔、¼ 小匙鹽拌炒。炒至微微上色時，即可加入油豆腐（圖 a），倒入酒後蓋上鍋蓋。當蒸氣從鍋蓋邊緣散發時，調成極弱的小火蒸煮約 15 分鐘。

3. 打開鍋蓋，加入高湯、蒟蒻、醬油、¼ 小匙鹽（圖 b），再次蓋上鍋蓋，以稍弱的中火煮約 7～8 分鐘。盛盤時，可以依照個人喜好撒上七味辣椒粉。

a 使用油豆腐替代豆腐。因為不需瀝水，可以節省作業時間。

b 不僅有蔬菜本身的甜美，再加入高湯更提鮮。

Arrange!

卷纖湯烏龍麵

將烏龍麵（冷凍 /1 份）按照包裝標示煮，再加入「日式牛蒡豆腐卷纖湯」（300ml）即可。

staub 鑄鐵鍋版本

味噌湯

講到日式湯料理，非味噌湯莫屬

在眾多的湯料理之中，特別是在享用日式料理時，往往是餐桌上不可或缺、令人熟悉的「味噌湯」。不適合過度加熱的味噌，適合用 staub 鑄鐵鍋煮嗎？答案當然是「可以」！將切成大塊的蔬菜，放入 staub 鑄鐵鍋燉煮的話，食材獨有的甘甜就會濃縮於鍋中，煮成一碗好喝的味噌湯。

牛蒡番茄豆乳味噌湯

秘訣在於加入豆乳後不再煮沸，吃起來口感會更為滑順。

材料：3～4 人份

牛蒡…1 根（200g）　　味噌…3 大匙
番茄…2 顆（300g）　　橄欖油…1 大匙
鹽…½ 小匙
日式豆乳（無調整成份）…500ml

作法

1. 將牛蒡以滾刀塊的方式切成 4cm 的長度，泡水 10 分鐘後再瀝乾水份。番茄則縱切成 6 瓣。

2. 鍋內倒入橄欖油，以中火熱鍋，放入牛蒡拌炒，炒至些微上色時，再加入番茄與鹽稍稍拌炒，蓋上鍋蓋。當蒸氣從鍋蓋邊緣散發時，調成極弱的小火蒸煮約 10 分鐘。

3. 打開鍋蓋，倒入豆乳，以稍弱的中火加熱，再將味噌溶於湯內即可。

大蒜豬肉味噌湯

湯裡充滿了根莖類蔬菜的鮮甜，伴隨而來的是豬肉與大蒜的鮮味。

材料：3～4 人份

豬五花肉（薄片）…200g　　鹽…¼ 小匙
牛蒡…½ 根（75g）　　　　味噌…3 大匙
白蘿蔔…100g　　　　　　麻油…1 大匙
紅蘿蔔…½ 根（75g）　　　水…600ml
大蒜（切薄片）…2 瓣份

作法

1. 將豬肉切成 3cm 的長度。牛蒡、白蘿蔔、紅蘿蔔以滾刀塊方式切成一口大小。牛蒡泡水 10 分鐘再瀝乾水份。

2. 鍋內倒入麻油，以小火加熱，加入大蒜拌炒。開始爆香後，調成中火，再放入 1. 的蔬菜、鹽，炒至微微上色。接著加入水、豬肉，蓋上鍋蓋，以稍弱的中火煮約 15 分鐘。

3. 打開鍋蓋，撈取表面上的浮沫，將味噌溶於湯內即可。

地瓜高麗菜白味噌湯

甘甜溫醇的味噌湯。生薑的加入讓湯頭甜中帶辣，
整體味道會更有層次。

材料：3～4人份

地瓜…1條(250g)　　　　橄欖油…1大匙
高麗菜葉…4片(200g)　　白味噌…3大匙
生薑(切絲)…2片　　　　高湯…500ml
鹽…½小匙

作法

1. 清洗地瓜後，連皮切成1cm寬度的半月形，
   泡水10分鐘後瀝乾水份。高麗菜葉切成3cm
   的四方形。

2. 鍋內依序放入1.、生薑，撒鹽，淋入橄欖油，
   開中火加熱。當蒸氣從鍋蓋邊緣散發時，調
   成極弱的小火蒸煮約15分鐘。

3. 打開鍋蓋倒入高湯，將白味噌溶於湯內即可。

馬鈴薯培根味噌湯

充滿胡椒香氣的一道湯品，
好吃到會讓人停不下筷子。

材料：3～4人份

馬鈴薯…2顆(300g)　　　黑胡椒(粗粒)
培根(塊狀)…100g　　　　…1小匙
鴻禧菇…1包(100g)　　　橄欖油…2小匙
味噌…3大匙　　　　　　水…600ml

作法

1. 將馬鈴薯切成2cm的丁狀。培根切成1cm
   寬度的條狀。鴻禧菇去除根部後撥散。

2. 鍋內倒入橄欖油，以中火熱鍋，放入培根、
   馬鈴薯拌炒，將培根炒至微微上色時，倒
   入水，加入鴻禧菇後蓋上鍋蓋，以稍弱的
   中火煮15分鐘。

3. 打開鍋蓋，溶入味噌，撒入黑胡椒即可。

洋蔥茄子芝麻味噌湯

加了芝麻粉與麻油，讓味道更升級。

材料：3～4人份

洋蔥…1顆(200g)　　　　高湯…600ml
茄子…2根(160g)　　　　味噌…3大匙
芝麻粉(白)…2大匙　　　麻油…1大匙

作法

1. 將洋蔥以「櫛切」的方式切成2cm厚度的瓣狀。
   茄子則以滾刀塊的方式切成稍大的塊狀。

2. 鍋內倒入麻油，以中火熱鍋，將洋蔥、茄子炒
   軟。再加入高湯、芝麻粉後蓋上鍋蓋，以稍弱
   的中火煮約10分鐘。

3. 打開鍋蓋，將味噌溶入湯內即可。

泡菜納豆味噌湯

以韓國的鍋物料理泡菜鍋改編而成的味噌湯。
納豆的加入讓湯頭更加美味。

材料：3～4 人份

白菜葉…3 片（300g）	韓式辣椒醬…1 大匙
納豆…1 包	味噌…3 大匙
高湯…500ml	麻油…1 大匙

作法

1. 將白菜切成 1cm 寬度的片狀。

2. 鍋內倒入麻油，以中火熱鍋，加入白菜拌炒。
   開始稍稍上色後，倒入高湯，蓋上鍋蓋，以稍
   弱的中火煮約 10 分鐘。

3. 打開鍋蓋，溶入味噌、辣椒醬，再加入納豆煮
   2～3 分鐘。

酒粕蕪菁竹輪味噌湯

運用充滿海鮮風味的竹輪，
就能成就一碗美味的味噌湯。

材料：3～4 人份

蕪菁…3 顆（240g）	酒粕（抹醬狀）…100g
竹輪…3 根	白味噌…3 大匙
高湯…500ml	

作法

1. 將蕪菁葉保留 1.5cm，其餘切除。將蕪菁縱切
   成 4 等分。竹輪則切成 1cm 寬度的小塊。

2. 鍋內放入蕪菁、竹輪、高湯後，蓋上鍋蓋，以
   稍弱的中火煮約 10 分鐘。

3. 打開鍋蓋，加入酒粕，溶入白味噌即可。

魚露白蘿蔔油豆腐味噌湯

食材看似味噌湯的固定班底，
其實喝起來充滿著濃濃的南洋風情。

材料：3～4 人份

白蘿蔔…300g	味噌…3 大匙
油豆腐…1 塊（300g）	青蔥（切成蔥花）…適量
魚露…1 大匙	水…600ml

作法

1. 將白蘿蔔切成 1cm 寬度的扇形。油豆腐則切成
   2cm 寬度的塊狀。

2. 鍋內放入 1.、水、魚露後，蓋上鍋蓋，以稍弱
   的中火煮約 20 分鐘。

3. 打開鍋蓋溶入味噌。盛盤時，撒上蔥花點綴。

第六章

蔬菜滿滿的湯料理

本章將介紹不使用肉、魚等蛋白質的食材,僅使用蔬菜製成的湯料理。
活用四季時蔬所熬成的湯品,以及美麗鮮豔色澤的濃湯,
搭配上各式肉魚料理,簡單的食材卻能讓餐桌更顯豐饒。

玉米濃湯

玉米濃湯可說是輕易擄獲全家人笑容的王牌料理。雖說用冷凍或是罐頭的玉米粒也能製作，如果是正值產季的夏日，請務必使用新鮮的玉米製作看看。

材料：3～4 人份

玉米…2 根
鹽…1 小匙
牛奶…400ml
奶油…20g

作法

1. 把玉米切半，以菜刀沿著玉米從上往下，用切片的方式削落玉米粒（玉米芯留下備用／圖 a）。

2. 鍋內放入玉米粒、鹽、奶油、玉米芯（圖 b）、4 大匙水，蓋上鍋蓋開中火加熱。當蒸氣從鍋蓋邊緣散發時，調成極弱的小火蒸煮約 10 分鐘。

3. 打開鍋蓋，取出玉米芯，倒入牛奶。以鍋鏟輕輕擠壓玉米粒，稍稍溫熱過即可（圖 c）。

a 將玉米的切口朝下，立於砧板上。將菜刀由上往下，削落玉米粒。

b 把玉米芯一同放入鍋內蒸煮，讓玉米的風味更加入味。

c 切勿過度擠壓玉米粒，保留顆粒狀的口感。

湯裡盡是Q彈可口的玉米粒。

巴沙米可
洋蔥湯

 帶有甜味和尾韻的巴沙米可醋和醬油的味道，
是料理中的好搭擋。

材料：3 ～ 4 人份

洋蔥…2 顆（400g）

鹽…½ 小匙

A 雞高湯…500ml

　巴沙米可醋…2 大匙

　醬油…2 小匙

橄欖油…1 大匙

作法

1. 將洋蔥順紋切半。

2. 鍋內倒入橄欖油，盡量使洋蔥切面朝下擺放於鍋內，開中火加熱。待洋蔥微微上色時，撒鹽並蓋上鍋蓋。當蒸氣從鍋蓋邊緣散發時，調成極弱的小火蒸煮約 20 分鐘。

3. 打開鍋蓋，加入 A 並再次蓋上鍋蓋，以稍弱的中火煮約 10 分鐘。

義式番茄湯

 原文是義大利文「Pomodoro」番茄的意思。
可以細細品嚐番茄味道的一道湯品。

材料：3～4人份

番茄…2顆（300g）

洋蔥…½顆（100g）

大蒜（切末）…1瓣

羅勒葉（撕碎）…10～20片份

鹽…1小匙

黑胡椒（粗粒）…½小匙

橄欖油…1½大匙

水…400ml

作法

1. 將番茄、洋蔥切成1.5cm的丁狀。

2. 鍋內倒入橄欖油，以小火熱鍋，加入大蒜拌炒。開始爆香後，調成中火加熱，加入洋蔥及½小匙鹽拌炒。洋蔥炒軟後，再加入番茄稍稍拌炒，即可蓋上鍋蓋。當蒸氣從鍋蓋邊緣散發時，調成極弱的小火蒸煮約10分鐘。

3. 打開鍋蓋，倒入水、½匙鹽、黑胡椒，再次蓋上鍋蓋，以稍弱的中火煮約5分鐘。起鍋前放入羅勒葉，煮1分鐘。

椰奶咖哩
竹筍湯

 泰式的綠咖哩風味,加上椰奶一起烹調,
充滿著南洋風情的一道料理。

材料:3～4人份

水煮竹筍…200g

綠蘆筍…4 根

鹽…½ 小匙

雞高湯…200ml

A 椰奶…1 罐(400ml)

　咖哩粉…2 小匙

　鹽…½ 小匙

橄欖油…1 大匙

作法

1. 將竹筍切成 2cm 的寬度。蘆筍用削皮刀去除根部的硬皮,
   再斜切成 5cm 的長度。

2. 鍋內倒入橄欖油,以中火熱鍋,放入竹筍、蘆筍,撒鹽煎
   至上色後,再倒入雞高湯,蓋上鍋蓋,以稍弱的中火煮 5
   分鐘。

3. 打開鍋蓋,加入 A,煮 5 分鐘。

魚露生薑
高麗菜湯

 煎過的大塊高麗菜，甘甜的美味讓人印象深刻。

材料：3～4 人份

高麗菜…½ 顆（600g）

生薑（切絲）…2 片份

鹽…¼ 小匙

橄欖油…1 大匙

魚露…2 大匙

水…600ml

作法

1. 將高麗菜縱切 4 等分。

2. 鍋內倒入橄欖油，將高麗菜排列於鍋內，開中火加熱。當油聲開始劈啪作響時，加入生薑、鹽，蓋上鍋蓋。當蒸氣從鍋蓋邊緣散發時，調成極弱的小火蒸煮約 15 分鐘。

3. 打開鍋蓋，倒入水、魚露後，再次蓋上鍋蓋，以稍弱的中火煮約 10 分鐘。

馬鈴薯
豆乳濃湯

材料：3～4 人份

馬鈴薯…3 顆（450g）

洋蔥…½ 顆（100g）

鹽…½ 小匙

日式豆乳（無調整成份）…500ml

梅乾（去籽）…2 顆份

奶油…20g

 梅乾的酸味與鹽味是這道菜的亮點。
冷卻過後就是日式版本的法國維希冷湯。

作法

1. 將馬鈴薯切成 2cm 的塊狀，泡水 10 分鐘後瀝乾水份。洋蔥則順紋切成 5mm 寬度的薄片。

2. 鍋內放入奶油，以中火加熱融化，放入洋蔥、¼ 小匙鹽拌炒。洋蔥炒軟後，再加入馬鈴薯和¼ 小匙鹽拌炒後，蓋上鍋蓋。當蒸氣從鍋蓋邊緣散發時，調成極弱的小火蒸煮約 15 分鐘。

3. 打開鍋蓋，倒入豆乳，以稍弱的中火加熱 3～4 分鐘。加入梅乾後，以手持攪拌棒攪拌成滑順的狀態。盛盤時，可以依照喜好再加入份量外的梅肉。放涼了再喝也很不錯。

大力水手
菠菜濃湯

 加了許多菠菜，
喝了就會像大力水手卜派般有源源不絕的元氣！

作法

1. 將菠菜切成 4cm 的寬度，泡水 5 分鐘後再瀝乾水份。將
   大蔥切成 2cm 的寬度。

2. 鍋內倒入橄欖油，以中火加熱，加入大蔥拌炒。將大蔥與
   橄欖油拌炒過後，加入菠菜、¼ 小匙鹽，拌勻後蓋上鍋
   蓋。當蒸氣從鍋蓋邊緣散發時，倒入雞高湯、¼ 小匙鹽，
   再次蓋上鍋蓋，調成小火蒸煮約 5 分鐘。

3. 打開鍋蓋，倒入牛奶、奶油起司，煮 2 ～ 3 分鐘，以手持
   攪拌棒攪拌成滑順的狀態。盛盤後，可以擺上份量外的奶
   油起司。

材料：3 ～ 4 人份

菠菜…1 把（200g）
日式大蔥（蔥白）…1 根
鹽…½ 小匙
雞高湯…200ml
牛奶…300ml
奶油起司（塊裝）…3 塊
橄欖油…1 大匙

芝麻蘑菇濃湯

 一入口蘑菇的鮮味瞬間於口內擴散開來。芹菜的香氣也十分強烈，是適合成熟大人細細品嚐的一品料理。

材料：3～4人份

蘑菇（褐色）…15 顆

洋蔥…½ 顆（100g）

芹菜梗…½ 根（75g）

鹽…1 小匙

牛奶…400ml

芝麻粉（白）…1 大匙

奶油…20g

作法

1. 將蘑菇切半。洋蔥則順紋切薄片。芹菜梗斜切片。

2. 鍋內放入奶油，以中火加熱融化，再加入洋蔥與 ½ 小匙鹽拌炒。將洋蔥炒軟後，再放入芹菜梗、蘑菇、½ 小匙鹽，拌勻後蓋上鍋蓋。當蒸氣從鍋蓋邊緣散發時，調成極弱的小火蒸煮約 10 分鐘。

3. 打開鍋蓋，倒入牛奶、芝麻粉後，調成稍弱的中火煮 2～3 分鐘，再以手持攪拌棒攪拌成滑順的狀態。盛盤後，可以再撒上份量外的芝麻粉（白）。

檸汁紅蘿蔔濃湯

 清爽的檸檬香氣襯托著美麗的橘色，令人深深著迷！

材料：3 ～ 4 人份

紅蘿蔔…3 根（450g）

檸檬汁…2 大匙

鹽…1 小匙

牛奶…500ml

奶油…20g

作法

1. 將紅蘿蔔清洗乾淨，帶皮以滾刀塊的方式切塊。

2. 鍋內放入奶油，以中火加熱融化，再放入紅蘿蔔、鹽拌炒，蓋上鍋蓋。當蒸氣從鍋蓋邊緣散發時，調成極弱的小火蒸煮約 15 分鐘。

3. 打開鍋蓋，倒入牛奶，以稍弱的中火加熱約 3 ～ 4 分鐘，再將檸檬汁以劃圓的方式淋入，接著以手持攪拌棒攪拌至滑順的狀態。盛盤時，再擺上適量的檸檬皮（切絲 / 日本產）於湯上。放涼了再喝也很不錯。

地瓜濃湯

 活用地瓜本身的甘甜所烹調的湯品，
是大家都喜歡的味道。

材料：3～4 人份

地瓜 … 2 根（400g）

洋蔥 … ½ 顆（100g）

鹽 … 1 小匙

A 牛奶 … 500ml
　蜂蜜、醬油 … 各 2 小匙

奶油 … 20g

巴西里葉（乾燥）… 適量

作法

1. 將地瓜切成 1cm 的塊狀，泡水 10 分鐘後瀝乾水份。洋蔥則順紋切成薄片。

2. 鍋內放入奶油，以中火加熱融化，再放入洋蔥、½ 小匙鹽，拌炒均勻後蓋上鍋蓋。當蒸氣從鍋蓋邊緣散發時，調成極弱的小火蒸煮約 15 分鐘。

3. 打開鍋蓋，加入 A 以稍弱的中火加熱 3 ～ 4 分鐘，再以手持攪拌棒攪拌成滑順的狀態。盛盤後，可以撒上適量的巴西里葉。放涼了再喝也很不錯。

生薑蕪菁濃湯

 一道同時可以品嚐黏稠口感及生薑風味的湯料理。

材料：3～4 人份

蕪菁…5 顆（400g）

生薑（切粗絲）…2 片份

鹽…1 小匙

牛奶…400ml

麻油…1 大匙

裝飾用生薑（切絲）…適量

作法

1. 將蕪菁葉切除，蕪菁切成 1cm 的寬度。

2. 鍋內倒入麻油，以中火熱鍋，放入蕪菁、生薑、鹽拌炒，蓋上鍋蓋。當蒸氣從鍋蓋邊緣散發時，調成極弱的小火蒸煮約 10 分鐘。

3. 打開鍋蓋，倒入牛奶，以稍弱的中火煮 3～4 分鐘，再用手持攪拌棒攪拌成滑順的狀態。盛盤後，以薑絲點綴。放涼了再喝也很不錯。

以蔬菜、菇類分類的 INDEX

依照本書所使用的蔬菜＆菇類分門別類，以此索引就能找到本書所介紹的各式料理。